NHK

ダーウィンが来た!

★★★ 生きもの新伝説 ★★★

生きものクイズブック

行動《こうどう》のナゾ編《へん》

NHK「ダーウィンが来た!」番組スタッフ編

NHK出版

CONTENTS

ヒゲじい

生きものが大好きなおじさん。ちょっとでもわからないことがあると、聞いてみないと気がすまない。

第2章 意外《いがい》！ヒョウが獲物《えもの》を運《はこ》ぶ先《さき》……62

動物たちの生き残りバトル

第3章 知《し》られざる生《い》きものたちのスゴ技《わざ》……89

第1章

ビックリ！パンダが逆《さか》立《だ》ちする？

QUESTION 01

スズメバチに巣《す》を襲《おそ》われたミツバチ。反撃《はんげき》に出《で》た働《はたら》きバチの作戦《さくせん》とは？

⬆1匹《ぴき》の女王《じょおう》バチとたくさんの働《はたら》きバチからなる家族《かぞく》。巣《す》はハチミツの貯蔵庫《ちょぞうこ》の役割《やくわり》も。

1 巣《す》にたくわえた毒《どく》で殺《ころ》す

2 針《はり》でヒフに穴《あな》をあける

3 からだの熱《ねつ》をあげる

スズメバチの侵入《しんにゅう》に気《き》づくと、羽《はね》の音《おと》でおどろかしたのち、集団《しゅうだん》で襲《おそ》いかかり体温《たいおん》を上《あ》げ熱《ねつ》ぜめにするよ。

QUESTION 01 答《こた》え

③ 熱《ねつ》で動《うご》きを封《ふう》じるんだ!

ハチミツパワーの熱《ねつ》で敵《てき》も退治《たいじ》できる!

六角形《ろっかっけい》の小《ちい》さな部屋《へや》がたくさんならんだミツバチの巣《す》には、ハチミツがたくわえられています。

春《はる》、ミツバチたちは花《はな》のある場所《ばしょ》を見《み》つけると巣《す》にもどり、おしりを振《ふ》るユニークなダンスでなかまに伝達《でんたつ》。おしりを振《ふ》っている時《じ》間《かん》で花《はな》までの距離《きょり》を、からだの向《む》きで花《はな》のある方角《ほうがく》を表現《ひょうげん》します。吸《す》った花《はな》のミツはおなかの専用《せんよう》タンクにためハチの体内《たいない》を通《とお》ることで、エネルギーに変《か》えやすい形《かたち》になります。1gで1000㎞も飛《と》びつづけることができるエネルギーの源《みなもと》であるハチミツのもとに

⬆花《はな》のミツをからだにためこんでハチミツに加工《かこう》。

⬆おしりを振《ふ》って伝言《でんごん》をつたえるダンス。

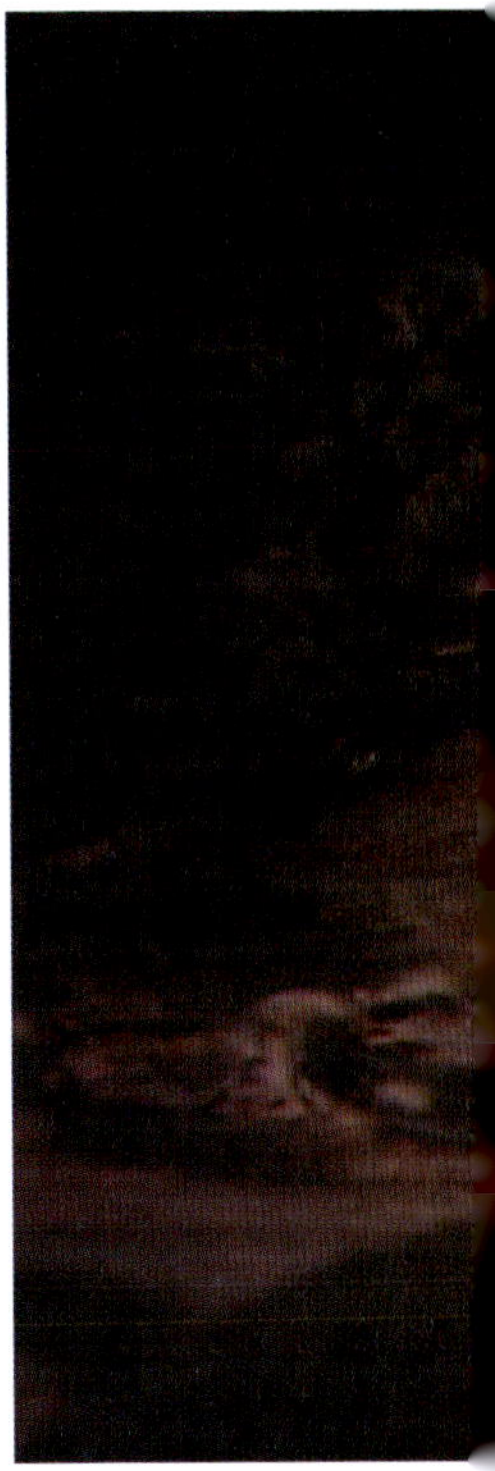

なるのです。
スズメバチが巣《す》を襲《おそ》っても、ハチミツエネルギーで体温《たいおん》を50℃近《ちか》くに上《あ》げ、熱《ねつ》で殺《ころ》すほどのパワーです。

ミツ集《あつ》めから貯蔵《ちょぞう》、巣《す》のなかでこくする
までハチミツづくりは大変《たいへん》な作業《さぎょう》だな

⬆板状《いたじょう》に並《なら》んだ巣《す》には裏表《うらおもて》で6000個《こ》の小部屋《こべや》が。

引《ひ》っ越《こ》し・巣《す》づくりは家族《かぞく》にとって一大事《いちだいじ》

春《はる》はミツバチにとって引《ひ》っ越《こ》しの季節《きせつ》。木《き》のウロなど安全《あんぜん》な場所《ばしょ》を見《み》つけ、家族全員《かぞくぜんいん》で移動《いどう》します。巣《す》の材料《ざいりょう》はミツバチのからだから出《で》るロウ。薄《うす》くのばして六角形《ろっかくけい》の壁《かべ》をつくります。女王《じょおう》バチが産《う》んだ卵《たまご》を育《そだ》てるのも、エネルギーの源《みなもと》となるハチミツを貯蔵《ちょぞう》するのも、ハチの命《いのち》のすべてがかかった巣《す》なのです。

⬆巣《す》によっては冬《ふゆ》を越《こ》せず死《し》んでしまうことも。

自分《じぶん》たちで家《いえ》を
建《た》てるなかなか
腕《うで》のたつ大工《だいく》だよ

【ミニデータ】撮影場所《さつえいばしょ》：神奈川県《かながわけん》。「ハチミツパワーで生《い》き残《のこ》れ!」

QUESTION 02

掃除機《そうじき》のように泳《およ》ぐキタホオジロガモ。いったいなにをしている？

⬆アイスランドの火山《かざん》でできた湖《みずうみ》の底《そこ》を泳《およ》いでいるよ。

1 虫《むし》を食《た》べている

2 卵《たまご》を産《う》みつけている

3 縄張《なわば》りを示《しめ》している

➡名前《なまえ》の通《とお》り、白《しろ》いほおをしているよ。

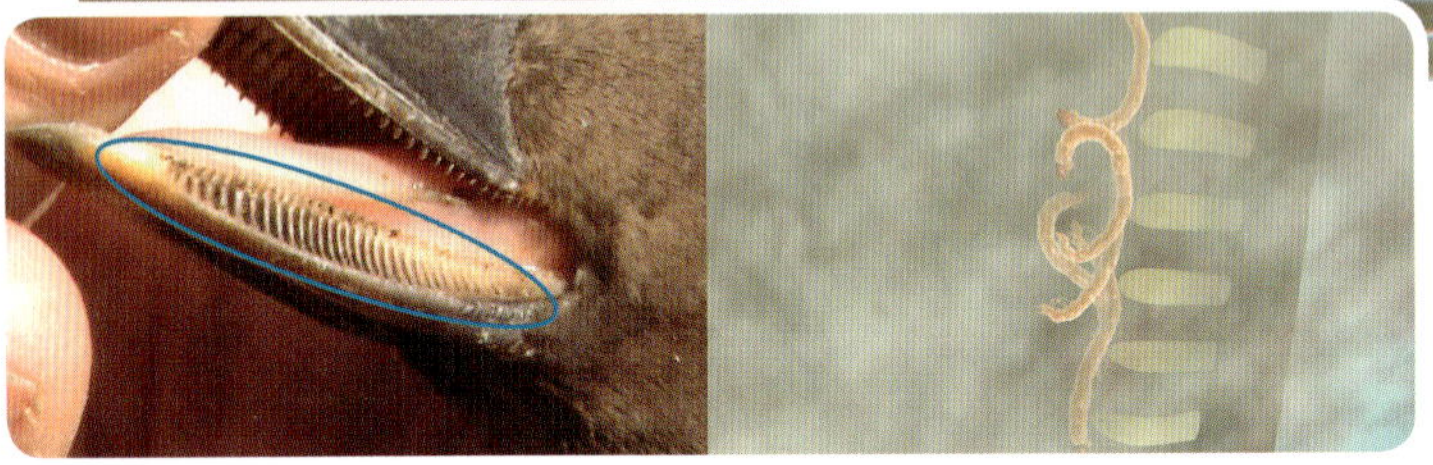

⬅クチバシにあるクシのような板歯《ばんし》。これで幼虫《ようちゅう》だけが口《くち》の中《なか》に残《のこ》り、不要《ふよう》なものは出《で》ていくよ。

QUESTION 02 答《こた》え

① 底《そこ》にいるユスリカの幼虫《ようちゅう》を食《た》べている

湖《みずうみ》の底《そこ》に生息《せいそく》している幼虫《ようちゅう》を掃除機のように口《くち》の中《なか》に運《はこ》んでいる

カモのなかまには、水面《すいめん》でエサをとるタイプと、もぐってエサをとるタイプに大《おお》きく分《わ》かれます。キタホオジロガモはもぐるタイプです。

アイスランドの火山《かざん》でできたミーバトン湖《こ》には「ユスリカ」という虫《むし》が大繁殖《だいはんしょく》します。キタホオジロガモは、足《あし》をプロペラのようにして湖《みずうみ》の底《そこ》まで泳《およ》ぎます。そしてクチバシを湖《みずうみ》の底《そこ》に当《あ》てて一直線《いっちょくせん》に進《すす》み、底《そこ》にいるユスリカの幼虫《ようちゅう》を食《た》べます。泥《どろ》もいっしょに口《くち》の中《なか》に入《はい》ってしまいますが、クチバシの側面《そくめん》にある「板歯《ばんし》」で幼虫《ようちゅう》以外《いがい》のものはふるいにかけています。

【ミニデータ】撮影場所《さつえいばしょ》：アイスランド。「シリーズ 火《ひ》と氷《こおり》の国《くに》アイスランド①火山湖《かざんこ》に謎《なぞ》の竜巻《たつまき》!」

QUESTION 03

カバが暗《くら》闇《やみ》の中《なか》、帰《かえ》り道《みち》に迷《まよ》わないのはなぜ?

⬆大《おお》きく開《ひら》いたカバの口《くち》は1m以上《いじょう》なんだって。

1 暗《くら》闇《やみ》でもカバにはよく見《み》える

2 フンを道《みち》しるべにしている

3 口《くち》を開《あ》けてなかまの居場所《いばしょ》を感知《かんち》する

⬅正体《しょうたい》はカバ！カバ！カバ！

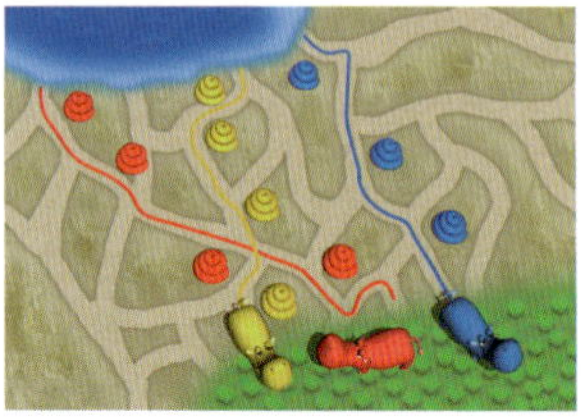

⬅行《い》きに落《お》としたフンのにおいで迷子《まいご》にならず水場《みずば》にもどるよ。

QUESTION 03

答《こた》え

② フンのにおいをたよりに帰《かえ》ってくる

乾季《かんき》は遠《とお》くまで草《くさ》を食《た》べに行《い》かなければならない

アフリカのタンザニアのカタビ国立《こくりつ》公園《こうえん》。乾季《かんき》になると7か月間《げつかん》も雨《あめ》が降《ふ》らないといわれ、多《おお》くの川《かわ》は乾《かわ》いて水《みず》がなくなります。

わずかに水《みず》が残《のこ》る川《かわ》にはカバが集《あつ》まります。カバは水中《すいちゅう》の暮《く》らしが基本《きほん》で、乾燥《かんそう》が苦手《にがて》な生《い》き物《もの》です。

カバの食《た》べ物《もの》は草《くさ》や木《き》の実《み》。乾季《かんき》には水場《みずば》近《ちか》くの草《くさ》はすぐに食《た》べつくしてしまいます。そこで何《なん》㎞も歩《ある》いて遠《とお》くまで食事《しょくじ》に出《で》かけます。炎天下《えんてんか》は避《さ》けて、出《で》かけるのは夜《よる》。真《ま》っ暗闇《くらやみ》の中《なか》、迷《まよ》わず帰《かえ》ってこられるのは、行《い》きにフンを落《お》としていくからです。においを手《て》がかりにもどっています。

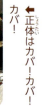

⬆乾燥《かんそう》が進《すす》むと水場《みずば》をもとめて移動《いどう》しなければならないんだ。

乾季《かんき》の水場《みずば》は、ぎゅうぎゅうづめ

雨季《うき》には水《みず》がたっぷりある川《かわ》や湖《みずうみ》で、カバは20頭《とう》ほどの群《む》れをつくっています。でも、乾季《かんき》には水《みず》が残《のこ》る場所《ばしょ》にカバが集中《しゅうちゅう》し、川《かわ》はカバでうめつくされます。カバたちもぎゅうぎゅうづめで我慢《がまん》の日々《ひび》です。

かつてカタビ国立公園《こくりつこうえん》は、乾《かん》季《き》でも川《かわ》に水《みず》が流《なが》れ、カバの楽《らく》園《えん》でした。林《はやし》が大地《だいち》の水《みず》をためるはたらきをしていたからです。

近《ちか》ごろ田《た》んぼを作《つく》るために林《はやし》の木《き》を切《き》ったため、乾季《かんき》には川《かわ》が干上《ひあ》がるようになってしまったのです。

⬆乾季《かんき》の水場《みずば》では、カバはじっと動《うご》かず、体力《たいりょく》を使《つか》わないようにしているよ。

デリケートなお肌《はだ》

カバの皮膚《ひふ》はとても薄《うす》く、からだの水分《すいぶん》が失《うしな》われやすくなっています。人《ひと》の3倍《ばい》以上《いじょう》といわれます。炎天下《えんてんか》では表皮《ひょうひ》が乾燥《かんそう》して裂《さ》けて、水分《すいぶん》はどんどん失《うしな》われて脱水状態《だっすいじょうたい》になります。お肌《はだ》を守《まも》るためには、いつも水《みず》の中《なか》にいないと危険《きけん》なのです。

82ページにもくわしい解説《かいせつ》があるぞ!

【ミニデータ】撮影場所《さつえいばしょ》：タンザニア。「壮絶《そうぜつ》1200頭《とう》! カバ大集合《だいしゅうごう》」

QUESTION 04

群《む》れのリーダー争《あらそ》い、長《ちょう》老《ろう》チンパンジーの行《こう》動《どう》とは?

↑群《む》れの長老《ちょうろう》44歳《さい》のチンパンジー。人間《にんげん》なら70歳《さい》くらいだよ。

1 争《あらそ》いに参戦《さんせん》し、勝《か》って自分《じぶん》がリーダーになった

2 リーダーにふさわしいオスを見《み》きわめて味方《みかた》した

3 群《む》れで生《い》きることをあきらめて去《さ》った

⬆左《ひだり》から、ちょっと気《き》の弱《よわ》そうな元《もと》リーダー、やるき満々《まんまん》強《つよ》そうな新《しん》リーダー、長老《ちょうろう》。

QUESTION 04

答《こた》え

② 力《ちから》ではなく、知恵《ちえ》と経験《けいけん》で群《む》れをまとめる

なかまからたよりにされている長老《ちょうろう》を味方《みかた》につけて、リーダーになる

チンパンジーの群《む》れは、オスのリーダーをトップに、大人《おとな》のオスが5〜10頭《とう》、メスとその子《こ》どもたちがいます。子《こ》どものオスは16歳《さい》で大人《おとな》のなかまに入《はい》り、リーダーをめざします。でも、リーダーになれるのはほんの一部《いちぶ》。30代《だい》もすぎて体力《たいりょく》が衰《おとろ》えると、リーダーをめざす競争《きょうそう》からは身《み》をひき、長老《ちょうろう》として生《い》きていきます。

撮影《さつえい》した群《む》れは60頭《とう》いましたが、長老《ちょうろう》になるほど長《なが》生《い》きしたオスは1頭《とう》だけでした。この長老《ちょうろう》はリーダーと仲《なか》がよく、リーダーも長老《ちょうろう》を大切《たいせつ》にしています。それはメスたちも同《おな》じで、群《む》れに長《なが》くいる長老《ちょうろう》はみんなから慕《した》われています。そんな長老《ちょうろう》を味方《みかた》にすれば、リーダーはライバルより有利《ゆうり》になります。

●強《つよ》さを表《あらわ》す「ディスプレー」

「ディスプレー」はオスがなかまに力《ちから》を見《み》せるために行《おこな》う。力《ちから》を見《み》せあえばいちいち決闘《けっとう》をしなくてもすむよ。

枯《か》れ木《き》投《な》げ

つるゆすり

砂《すな》ぼこりとばし

●あいさつのしぐさは人間《にんげん》そっくり

➡チンパンジーのあいさつには「敵意《てきい》はない」「あなたに従《したが》う」などの意味《いみ》がある。リーダーはみんなからあいさつされるよ。

キスであいさつ

頭《あたま》をさげておじぎ

⬆チンパンジーには鋭《するど》い犬歯《けんし》があり、争《あらそ》えば大《おお》ケガになるから、決闘《けっとう》は最後《さいご》の手段《しゅだん》!

⬆左《ひだり》から元《もと》リーダー、長老《ちょうろう》、元《もと》リーダーの母親《ははおや》。みんなでなかよく毛《け》づくろい。

元《もと》のリーダーとも親《した》しくする長老《ちょうろう》

あるとき、元《もと》のリーダーとその母《はは》親《おや》が毛《け》づくろいをしていました。そこへ長老《ちょうろう》が登場《とうじょう》。みんなでなかよく毛《け》づくろいを始《はじ》めました。毛《け》づくろいは親《した》しみの気《き》持《も》ちを表《あらわ》しています

新《しん》リーダーの味《み》方《かた》をした長老《ちょうろう》ですが、元《もと》のリーダーは以《い》前《ぜん》と変《か》わらず親《した》しくつきあいます。

長《なが》生《い》きをした人《ひと》は経《けい》験《けん》をつみ、物《もの》知《し》りでたよりになることから「老《ろう》」という字《じ》には尊《そん》敬《けい》の意《い》味《み》があります。

【ミニデータ】撮影場所《さつえいばしょ》：タンザニア。「“老人《ろうじん》”パワーだ! チンパンジー」

⬆クマのなかまのジャイアントパンダ。パンダと呼《よ》ばれて、動物園《どうぶつえん》でも人気者《にんきもの》。野生《やせい》のパンダは中国《ちゅうごく》の一部《いちぶ》にしかすんでいないよ。

QUESTION 05

パンダが逆立《さかだ》ちしているよ。どうしてだろう？

1 健康《けんこう》のために運動《うんどう》をしている

2 敵《てき》からからだをかくしている

3 木《き》ににおいをつけている

⬆メスは木《き》の上《うえ》にのぼり、オスに見《み》つけてもらうのを待《ま》っているよ。

QUESTION 05

答《こた》え

③ オスがにおいをつけてメスへ呼《よ》びかけている。

パンダの繁殖《はんしょく》シーズンは年《ねん》に1度《ど》

中国《ちゅうごく》にすむ野生《やせい》のパンダ。ふだんは山《やま》の中腹《ちゅうふく》の竹林《ちくりん》にすんでいますが、春《はる》の繁殖《はんしょく》シーズンになると、山《やま》のいちばん高《たか》いところに集《あつ》まってきます。

メスはオスに見《み》つけてもらうために木《き》の上《うえ》にのぼり、オスは逆立《さかだ》ちをして、木《き》ににおいをこすりつけてメスに呼《よ》びかけています。

⬆野生《やせい》のパンダは、山《やま》の竹林《ちくりん》になわばりをもっていて、ふだんは1頭《とう》で暮《く》らしているんだ。

⬆戦《たたか》いのあとのオスの顔《かお》。メスをめぐって、オスたちははげしく争《あらそ》うこともあるよ。

⬆パンダの赤《あか》ちゃん。まだ自分《じぶん》では歩《ある》けないから、敵《てき》にねらわれやすい危険《きけん》なときだよ。

野生《やせい》では1頭《とう》の赤《あか》ちゃんしか育《そだ》てられない

パンダのお母《かあ》さんは、人間《にんげん》のように赤《あか》ちゃんをだっこします。パンダは1度《ど》に1頭《とう》産《う》むのがふつうですが、2頭《とう》生《う》まれることもあります。

でも、野生《やせい》では1頭《とう》しか育《そだ》てられません。同《おな》じところにすんでいると、敵《てき》にねらわれるので、すみかをあちらこちら移動《いどう》しなければならないし、赤《あか》ちゃんをだっこしてお乳《ちち》をあげるからです。

⬆2本《ほん》の前足《まえあし》で、赤《あか》ちゃんを大事《だいじ》にだっこするお母《かあ》さんパンダ。

⬆木《き》のぼりをする子《こ》ども。木《き》の上《うえ》なら、はなれたところにいるお母《かあ》さんも見《み》えるから安心《あんしん》。

⬆竹《たけ》を食《た》べるパンダ。竹《たけ》のなかでもやわらかいタケノコが好《す》きなんだって。

竹《たけ》を食《た》べやすいからだ

パンダの食《た》べものは竹《たけ》。1日《にち》に30kgの竹《たけ》を食《た》べるといわれています。竹《たけ》は冬《ふゆ》でもはえているので、パンダは冬眠《とうみん》しません。でも、竹《たけ》がないと、野生《やせい》のパンダは生《い》きていけないともいえます。

パンダの前足《まえあし》には6番《ばん》めの指《ゆび》があり、竹《たけ》を食《た》べるときにしっかりつかめるようになっています。奥歯《おくば》も竹《たけ》をかみやすいように平《ひら》たい形《かたち》をしています。

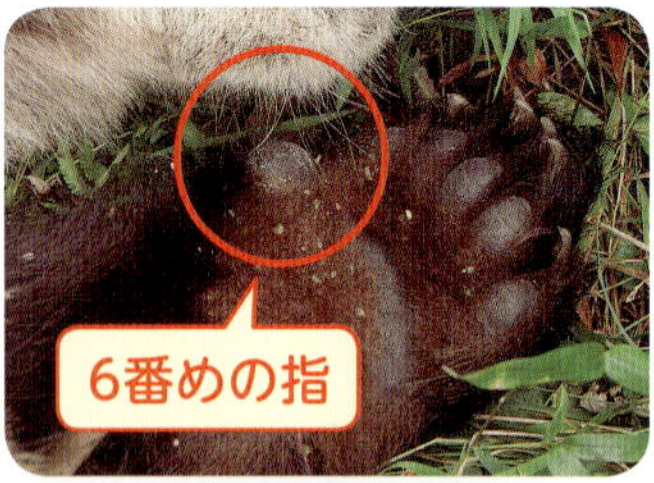

➡前足《まえあし》に6番《ばん》めの指《ゆび》がある。骨《ほね》が変形《へんけい》したものといわれているよ。

➡前足《まえあし》でしっかりとじょうずに竹《たけ》をつかむよ。

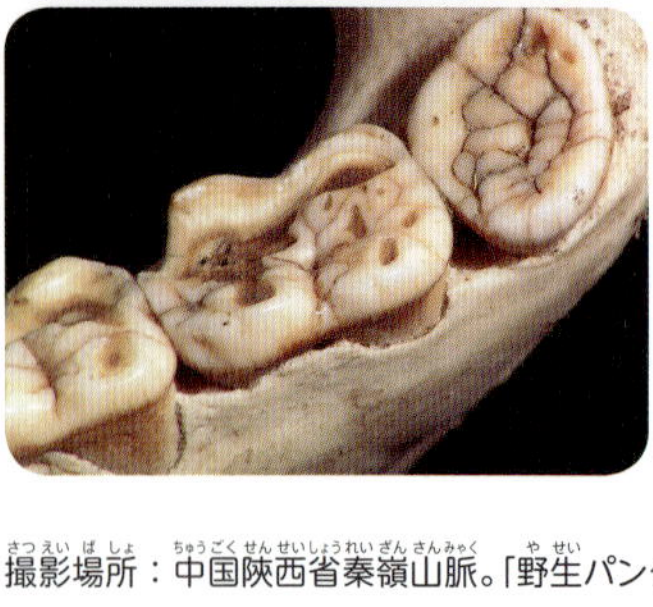

➡平《ひら》たい形《かたち》をした奥歯《おくば》で竹《たけ》をすりつぶすんだ。

【ミニデータ】撮影場所《さつえいばしょ》：中国陝西省秦嶺山脈《ちゅうごくせんせいしょうしんれいさんみゃく》。「野生《やせい》パンダに大接近《だいせっきん》!」

QUESTION 06

排《はい》水《すい》溝《こう》にすんでいるタヌキは、どこを通《とお》って食《た》べものをさがす？

⬆排水溝《はいすいこう》から顔《かお》を見《み》せる子《こ》ダヌキ。

1 トラックにしのびこんで移動《いどう》した

2 排水溝《はいすいこう》から下水道《げすいどう》を通《とお》った

3 電車《でんしゃ》の線路《せんろ》を通《とお》った

⬆夜《よる》、食《た》べものをさがしに線路《せんろ》を歩《ある》くタヌキを発見《はっけん》!

QUESTION 06

答《こた》え

③夜《よる》おそく、電車《でんしゃ》が通《とお》らなくなったときに線路《せんろ》を歩《ある》いた。

山《やま》のタヌキは、地面《じめん》の穴《あな》や岩《いわ》のすき間《ま》、ほかの動物《どうぶつ》の古《ふる》い巣《す》など、からだが入《はい》ればどこでもすみかにしてしまいます。都会《とかい》にも住宅《じゅうたく》の床下《ゆかした》、古《ふる》い倉庫《そうこ》など身《み》をかくせるところはあり、タヌキが暮《く》らしていけるようです。

撮影《さつえい》した場所《ばしょ》は踏切《ふみきり》わきの排水溝《はいすいこう》。車《くるま》や電車《でんしゃ》が通《とお》るから危険《きけん》だと思《おも》われがちですが、カラスや猫《ねこ》などの敵《てき》が近《ちか》づかないので、タヌキたちにとっては安全《あんぜん》なのかもしれません。

⬆さがしてきたごちそうは、ソーセージやパン。タヌキは雑食《ざっしょく》なので、人《ひと》が食《た》べるものでもOK。これが都会《とかい》でタヌキが暮《く》らせる理由《りゆう》の1つといわれているよ。

【ミニデータ】撮影場所《さつえいばしょ》:東京都《とうきょうと》。「東京《とうきょう》タヌキ 大捜索《だいそうさく》!」

QUESTION 07

有《あり》明《あけ》海《かい》の干《ひ》潟《がた》で暮《く》らすムツゴロウ。なぜ大《おお》きくジャンプするの?

⬆からだ全体《ぜんたい》をばねのようにして大《おお》きくジャンプ!

1 空中《くうちゅう》を飛《と》ぶ虫《むし》を食《た》べている

2 からだについた汚《よご》れを落《お》としている

3 なわばりを示《しめ》している

⬆なわばりをめぐって激《はげ》しい闘《たたか》いをくりひろげるオスたち。

QUESTION 07

答《こた》え

③なわばりと自分《じぶん》の力《ちから》を見《み》せつけているんだ！

有明海《ありあけかい》にすむムツゴロウは、魚《さかな》のなかまなのに干潟《ひがた》での陸上生活《りくじょうせいかつ》もだいじょうぶ。泥《どろ》の中《なか》を移動《いどう》し、ケイソウ（植物《しょくぶつ》プランクトン）を食《た》べます。なわばり意識《いしき》も強《つよ》く、自分《じぶん》の場所《ばしょ》を示《しめ》すために、大《おお》きくジャンプ！　胸《むな》ビレとからだのしなりを使《つか》って、30㎝以上《いじょう》飛《と》ぶこともあります。

恋《こい》の季節《きせつ》にはメスを争《あらそ》い、力《ちから》を示《しめ》すための闘《たたか》いや豪快《ごうかい》なジャンプが見《み》られます。

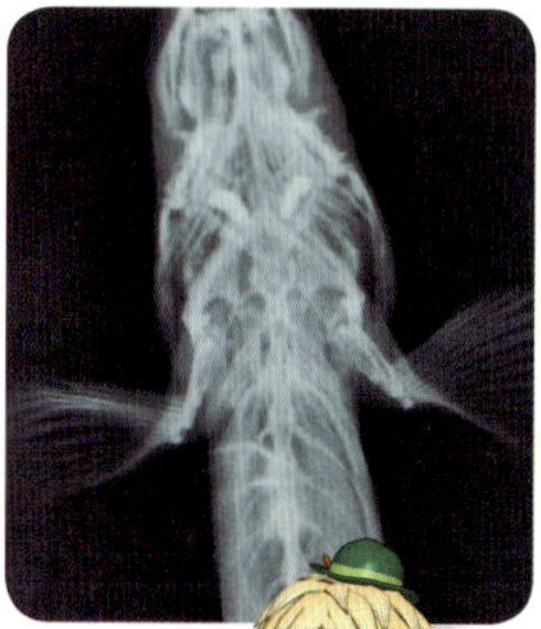

ヒレのところの骨《ほね》のつくりは人間《にんげん》に似《に》ているそうだよ

【ミニデータ】撮影場所《さつえいばしょ》：佐賀県《さがけん》・長崎県《ながさきけん》の有明海《ありあけかい》。「豪快《ごうかい》！ ムツゴロウ空中戦《くうちゅうせん》」

QUESTION 08 ゲラダヒヒはどうしてキバを見《み》せる顔《かお》をする?

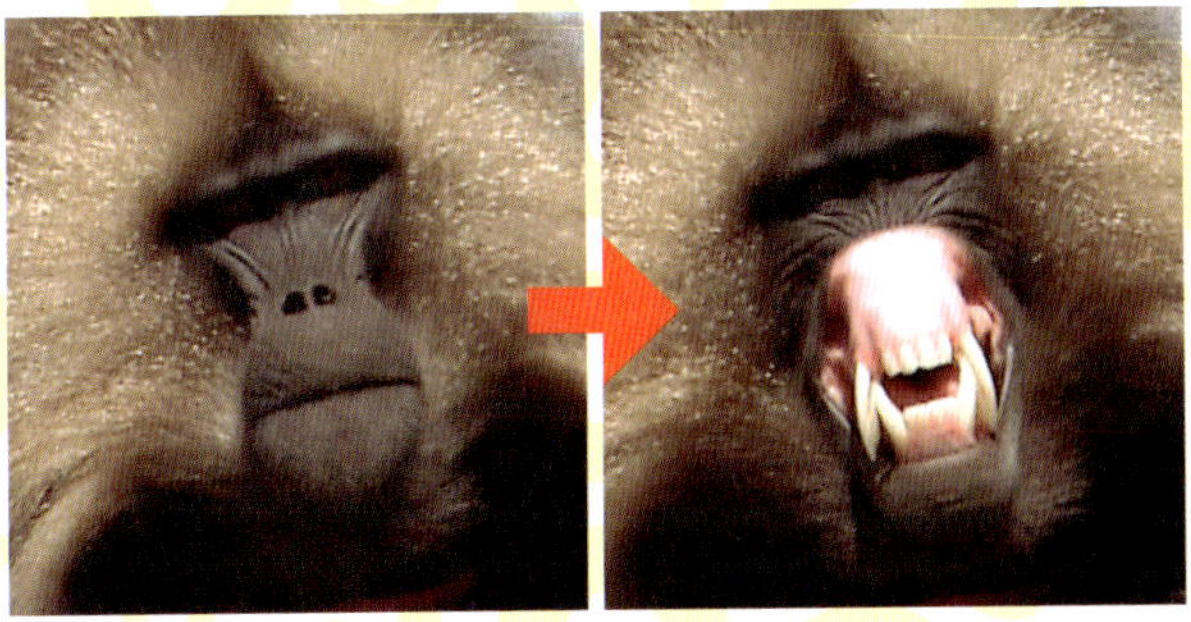

⬆ヒヒのなかま、ゲラダヒヒのオス。ふだんはこんな顔《かお》。

⬆キバをむきだした顔《かお》!

1 食後《しょくご》の習慣《しゅうかん》で歯《は》をそうじするために出《だ》す

2 ケンカに勝《か》ったことを喜《よろこ》んでいる

3 表情《ひょうじょう》でおこっていることを示《しめ》してケンカを避《さ》ける

➡ゲラダヒヒが暮《く》らす垂直《すいちょく》の崖《がけ》に囲《かこ》まれた標高《ひょうこう》4千《せん》mの高山《こうざん》。

➡寝《ね》るときは、断崖《だんがい》のわずかなくぼみで家族《かぞく》とすごすんだ。

➡日中《にっちゅう》は崖《がけ》を登《のぼ》って高原《こうげん》へ。それぞれの家族《かぞく》が大集合《だいしゅうごう》して大《おお》きな群《む》れですごすよ。

QUESTION 08 答《こた》え

③おこった表情《ひょうじょう》で気持《きも》ちを伝《つた》えムダな争《あらそ》いを避《さ》ける

昼《ひる》は大《おお》きな群《む》れで夜《よる》は小《ちい》さな群《む》れですごす

ゲラダヒヒが暮《く》らすのは垂直《すいちょく》に切《き》りたった崖《がけ》に囲《かこ》まれた山《やま》。標高《ひょうこう》2千《せん》〜5千《せん》mもの高地《こうち》です。オスを中心《ちゅうしん》に数匹《すうひき》のメスと子《こ》どもたちの家族《かぞく》で暮《く》らしています。

夜《よる》は家族《かぞく》の小《ちい》さな群《む》れで、崖《がけ》のわずかなくぼみで休《やす》みます。朝《あさ》になると崖《がけ》を登《のぼ》り、上《うえ》の高原《こうげん》でほかの家族《かぞく》と合流《ごうりゅう》。大《おお》きな群《む》れで草《くさ》を食《た》べます。

サルのなかまで小《ちい》さな群《む》れが集《あつ》まって大《おお》きな群《む》れをつくることはめずらしいのだそうです。なわばり意識《いしき》が高《たか》い二ホンザルなどは、ほかの群《む》れに出会《であ》うと、はげしいケンカになります。でもゲラダヒヒは近《ちか》くにほかの家族《かぞく》がいても気《き》にしません。

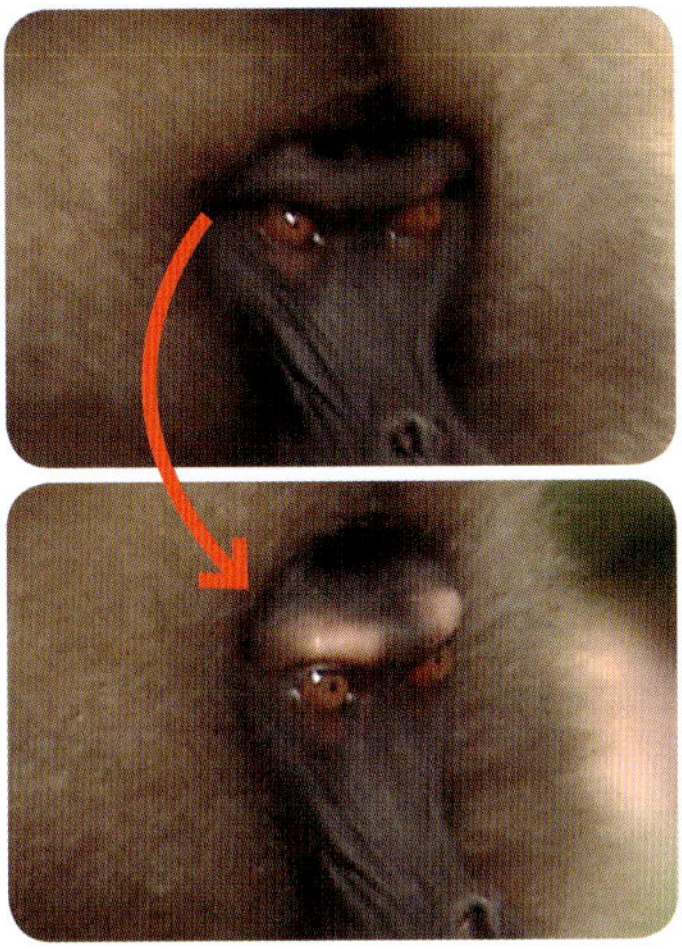

⬆目《め》の上《うえ》を白《しろ》く変《か》えるのもおこった表《ひょう》情《じょう》で、気《き》持《も》ちを伝《つた》えているんだ。 ふだんは目《め》の上《うえ》のたるんだ皮《ひ》膚《ふ》でかくれているけれど、ひたいをひっぱると白《しろ》い部《ぶ》分《ぶん》が出《で》てくるよ。

⬆胸《むね》の赤《あか》いところに注《ちゅう》目《もく》! 強《つよ》いオスほど鮮《あざ》やかな色《いろ》になるんだって。

表《ひょう》情《じょう》や声《こえ》で 相《あい》手《て》に自《じ》分《ぶん》の気《き》持《も》ちを伝《つた》えあう

まちがって家《か》族《ぞく》のメンバーがほかの家《か》族《ぞく》にまぎれてしまった! そんなもめごとがおこっても、ケンカを大《おお》きくしないしくみが、「表《ひょう》情《じょう》」です。

歯《は》ぐきを見《み》せて「おこっているから、近《ちか》よらないで!」とアピールすることで、争《あらそ》いを避《さ》けます。

表《ひょう》情《じょう》のほかにも、およそ30種《しゅ》類《るい》の声《こえ》を使《つか》い、気《き》持《も》ちを伝《つた》えあいます。

群《む》れのリーダー交《こう》代《たい》をめぐる大《おお》きな争《あらそ》いでも、追《お》いかけることはあっても、血《ち》が流《なが》れるようなケンカにはならないそうです。

➡食《た》べものは枯《か》れ草《くさ》。高《こう》山《ざん》は食《た》べものが少《すく》ないんだ。

⬆高原《こうげん》にいるときに天敵《てんてき》がやってきたら崖《がけ》に避難《ひなん》!　天敵《てんてき》のジャッカルは崖《がけ》を降《お》りて追《お》うことはないんだって。
⬅高原《こうげん》に食事《しょくじ》に行《い》くためには子《こ》どももロッククライミング!

どうして危険《きけん》な崖《がけ》で眠《ねむ》る?

食《た》べものの草《くさ》がある崖《がけ》の上《うえ》の高原《こうげん》で夜《よる》をすごさず、わざわざ危険《きけん》な断《だん》崖《がい》を登《のぼ》り降《お》りするのにはワケがあります。高原《こうげん》には、子《こ》どもをねらうヒゲワシやアビシニアジャッカルなどの天敵《てんてき》がいるのです。

また、崖《がけ》の上《うえ》は明《あ》け方《がた》には気温《きおん》が氷点下《ひょうてんか》まで下《さ》がりますが、崖《がけ》のくぼみは冷《つめ》たい風《かぜ》をよけることができます。ゲラダヒヒにとって険《けわ》しい崖《がけ》は、天敵《てんてき》と寒《さむ》さから身《み》を守《まも》るのには都合《つごう》のいいすまいです。

研究者《けんきゅうしゃ》によると、肉食獣《にくしょくじゅう》の多《おお》いサバンナのヒヒにくらべ、崖《がけ》に暮《く》らすヒヒのほうが天敵《てんてき》に襲《おそ》われて死亡《しぼう》する子《こ》どもは少《すく》ないといわれています。

【ミニデータ】撮影場所《さつえいばしょ》：エチオピア。「平和《へいわ》がモットー! 天空《てんくう》のサル」

QUESTION 09

ネズミのなかま、カピバラの得《と》意《い》なことはどれ？

⬆大《おお》きいカピバラは体長《たいちょう》1.3m、体重《たいじゅう》60kgくらいもあるんだ。ネズミのなかまで一番《いちばん》大《おお》きいよ。

1 泳《およ》ぎと潜水《せんすい》

2 高《たか》い木《き》に登《のぼ》ること

3 深《ふか》い穴《あな》を掘《ほ》ること

➡⬆鼻《はな》と目《め》と耳《みみ》を出《だ》して上手《じょうず》に泳《およ》ぐよ。もぐることもできるよ!

⬆もぐる前《まえ》に耳《みみ》をとじる! 防水《ぼうすい》対策《たいさく》もバッチリだよ。

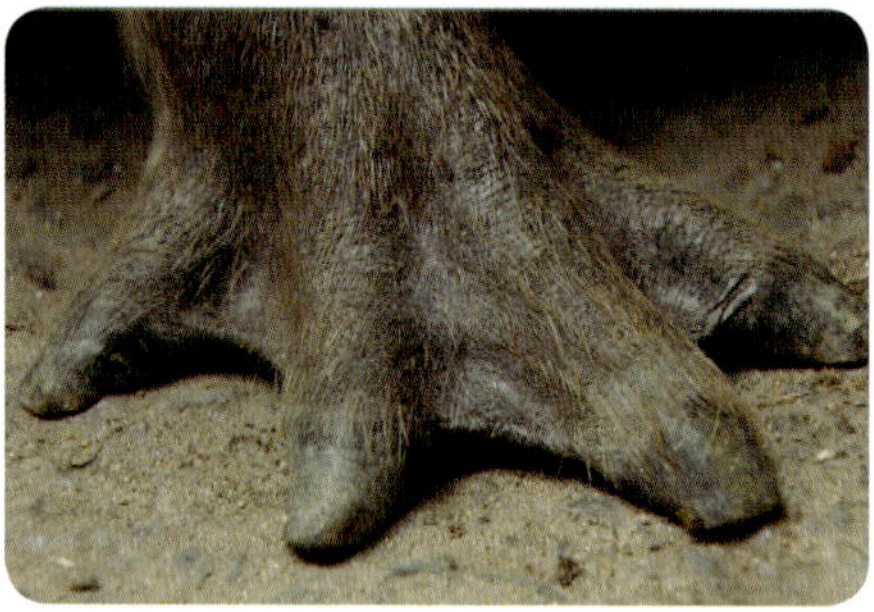

⬆水鳥《みずどり》のように指《ゆび》と指《ゆび》の間《あいだ》に水《みず》かきがあるんだ。

QUESTION 09

答《こた》え

①水辺《みずべ》に暮《く》らすカピバラは泳《およ》いだりもぐったりが得意《とくい》

泳《およ》いで移動《いどう》、外敵《がいてき》にはもぐって逃《に》げる

水辺《みずべ》の草《くさ》を食《た》べて暮《く》らすカピバラは、食《た》べては休《やす》み、移動《いどう》をくりかえします。水泳《すいえい》が得意《とくい》で、川《かわ》を300mほど一気《いっき》に泳《およ》いで移動《いどう》することもあります。

カピバラのすむ見晴《みは》らしのいい草《そう》原《げん》は、天敵《てんてき》のジャガーに見《み》つかりやすいところ。群《む》れで暮《く》らすカピバラは、だれかがいつも見張《みは》りをして、危険時《きけんじ》には大声《おおごえ》でなかまに知《し》らせ、水中《すいちゅう》に逃《に》げてもぐります。ジャガーは泳《およ》げますが、もぐって追《お》いかける

ワニをおそれず!?

⬅⬆水辺《みずべ》にはワニも多《おお》い。でもカピバラは気《き》にせず、近《ちか》くで休《やす》んだり、またいだりしているね。魚《さかな》がたくさんとれる時期《じき》、ワニは大《おお》きなカピバラを襲《おそ》おうとは思《おも》わないらしいんだ。でも子《こ》どもは、食《た》べられてしまうこともあるよ。

小鳥《ことり》となかよし

⬆食事《しょくじ》のあとは草《くさ》を消化《しょうか》するためにゆっくり休《やす》むよ。小鳥《ことり》はからだについた虫《むし》をとってくれるんだ。

かなり大食《おおぐ》い

⬆おもな食《た》べものは水辺《みずべ》のやわらかい草《くさ》。大人《おとな》は一日《にち》3kgも食《た》べるんだって。

走《はし》れば速《はや》い!?

⬆のんびりしているイメージがあるけれど、緊急事《きんきゅうじ》態《たい》には猛《もう》ダッシュするよ。

ことはできません。カピバラは5分《ふん》間《かん》くらいもぐることができます。

カピバラのからだは水泳《すいえい》に便利《べんり》なしくみをもっています。足《あし》の指《ゆび》には水《みず》かきがあり、水《みず》をつかむように泳《およ》ぐことができます。もぐるときには耳《みみ》はふたをするようにとじて、水《みず》が入《はい》らないようにしています。

⬆群《む》れで水辺《みずべ》を移動中《いどうちゅう》!　池《いけ》や川《かわ》の水《みず》は、からだの汚《よご》れを落《お》としたり、強《つよ》い日《ひ》ざしから守《まも》ってくれるよ。

オス1匹《ぴき》とメスと子《こ》どもの群《む》れで暮《く》らす

カピバラは群《む》れをつくって暮《く》らすことが多《おお》く、リーダーのオス1匹《ぴき》とメスと子《こ》どもたちで行動《こうどう》します。数《かず》の多《おお》い大《おお》きな群《む》れもあれば、両親《りょうしん》と子《こ》どもだけの小《ちい》さな群《む》れもあります。

大《おお》きな群《む》れのメスたちは親戚同士《しんせきどうし》で、みんなで協力《きょうりょく》して子育《こそだ》てをします。母親《ははおや》でないメスが赤《あか》ちゃんにお乳《ちち》をあげることもあります。

⬆オスとメスのちがいは、鼻《はな》の上《うえ》の黒《くろ》いでっぱりで見分《みわ》けられるよ。

⬆お乳《ちち》を飲《の》む子《こ》どもたち。かわいいね。

【ミニデータ】撮影場所《さつえいばしょ》：ブラジル。「癒《い》やし系《けい》カピバラ　走《はし》る! 泳《およ》ぐ!」

QUESTION 10

カニクイザルの群《む》れがきたとき、テングザルの群《む》れの行動《こうどう》とは？

⬆サルのなかまではからだが大《おお》きいテングザル。オスの体重《たいじゅう》は20kgくらいあるよ。
⬅テングザルより小柄《こがら》なカニクイザル。

1 激《はげ》しく闘《たたか》って勝《か》った

2 争《あらそ》わずにその場《ば》を去《さ》った

3 なかよくいっしょに暮《く》らした

⬆ボルネオ島《とう》だけにすむテングザル。オスの鼻《はな》はメスより10cm以上《いじょう》も長《なが》い。鼻《はな》が長《なが》いほどいい男《おとこ》なんだって。
⬅オスに比《くら》べてメスの鼻《はな》は短《みじか》いよ。

QUESTION 10 答《こた》え

②見《み》かけによらず争《あらそ》いを好《この》まない

**けんかは苦手《にがて》
食《た》べものをめぐる争《あらそ》いもしない**

テングザルはほかのサルより動《うご》きがにぶいといわれます。勝《か》ち目《め》がないけんかはしないのか、撮影《さつえい》したときはカニクイザルと争《あらそ》わず、寝場所《ねばしょ》を横《よこ》どりされてしまいました。

これまでテングザルはおもに木《こ》の葉《は》を食《た》べると考《かんが》えられてきましたが、研究者《けんきゅうしゃ》の調査《ちょうさ》により、果実《か》も好《この》むことがわかってきました。それも熟《う》れる前《まえ》のまだ青《あお》い実《み》。ふつうサルは熟《じゅく》した果実《かじつ》を好《この》みますが、テングザルにとっては毒《どく》になるそうです。熟《う》れた実《み》を食《た》べると、大量《たいりょう》のガスが発生《はっせい》し、胃《い》が膨張《ぼうちょう》してほかの内臓《ないぞう》を圧迫《あっぱく》。飼育《しいく》されているテングザルがバナナを食《た》べて死《し》んでしまったこともあ

⬆鼻《はな》だけでなく、大《おお》きなおなかも特徴《とくちょう》。太《ふと》っているわけではないんだ。

みなさんお休《やす》み中《ちゅう》……zzzzz

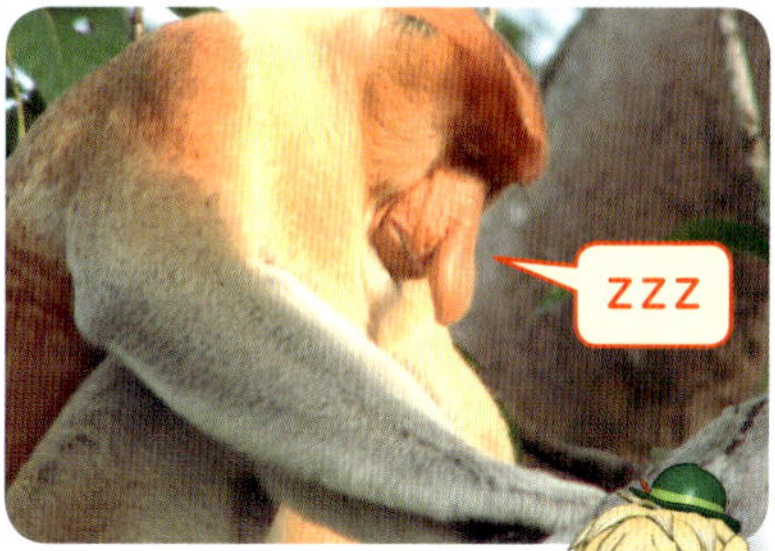
zzz

たいこみたいな
おなかですな

るそうです。

あまい果実《かじつ》を食《た》べられないのは気《き》の毒《どく》なようですが、ほかの動物《どうぶつ》が食《た》べない未熟《みじゅく》な実《み》なら、食料《しょくりょう》のために争《あらそ》う必要《ひつよう》はありません。また、熟《う》れるのを待《ま》つサルよりも早《はや》く食《た》べられます。

活動《かつどう》するのは1日《にち》3～4時間《じかん》くらい あとは眠《ねむ》ってばかり

テングザルは夜行性《やこうせい》の生《い》きものではありませんが、食《た》べると昼《ひる》でもすぐに眠《ねむ》ってしまいます。それは食《た》べものがおなかの中《なか》で消化《しょうか》されるのを待《ま》って休《やす》むため。1日《にち》の約《やく》8割《わり》を休《やす》んで過《す》ごします。

消化《しょうか》のためにおなかには胃《い》が4つもあります。一番《いちばん》大《おお》きな胃《い》には葉《は》っぱを発酵《はっこう》し、繊維《せんい》や毒《どく》を分解《ぶんかい》してくれるバクテリアがいます。おなかが大《おお》きいのは太《ふと》っているのではなく、大《おお》きな胃《い》のせいです。

⬆倒《たお》れた木《き》を橋《はし》にして川《かわ》をわたっているよ。ジャンプするより安全《あんぜん》だね。

高《たか》い木《き》の枝《えだ》から川《かわ》に飛《と》びこむ! 行動的《こうどうてき》なところも

サルのなかまではめずらしく水泳《すいえい》が得意《とくい》なテングザル。20mもある高《たか》い枝《えだ》から川《かわ》に飛《と》びこんで泳《およ》ぎ、向《む》こう岸《ぎし》にわたることがあります。研究者《けんきゅうしゃ》の調査《ちょうさ》により、熟《じゅく》す前《まえ》の果実《かじつ》を食《た》べに川《かわ》をわたることがわかってきました。

川《かわ》には天敵《てんてき》のワニがいることがあり、遠《とお》くへ跳《と》びこむことで泳《およ》ぐ距離《きょり》は短《みじか》くなります。ワニに襲《おそ》われる危険《きけん》を少《すく》なくするだけでなく、体力《たいりょく》も節約《せつやく》できます。

⬆高《たか》い木《き》の枝《えだ》から大《だい》ジャンプ!

⬆足《あし》から水《みず》に入《はい》って、衝撃《しょうげき》をやわらげているよ。

【ミニデータ】撮影場所《さつえいばしょ》：ボルネオ島《とう》。「負《ま》けるが勝《か》ち！テングザル」

QUESTION 11

アマゾンにすむコンゴウインコがひまなときにすることは?

色《いろ》鮮《あざ》やかな姿《すがた》から「インコの王様《おうさま》」と呼《よ》ばれるコンゴウインコ。

1 川《かわ》でダイビング

2 羽《はね》でお絵《え》かき

3 逆《さか》立《だ》ちして遊《あそ》ぶ

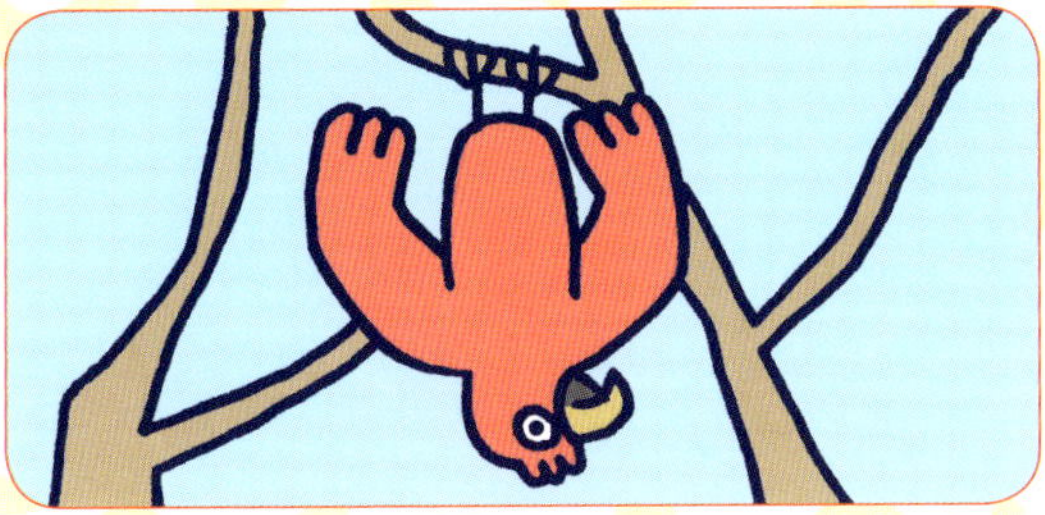

↑コンゴウインコの寿命は50年ほどで、オスとメスはほとんどが一生をともに過ごすよ。

↑逆立ちをしてコウモリみたいだね。

QUESTION 11 答え

❸ コンドルをおどかしたり、枝をちぎって遊ぶ

おなかがいっぱいで時間に余裕があると、木の枝をなんどもなんどもちぎったり、逆立ちをしたりする姿が見られます。また、ゆっくりコンドルにしのびよって、「ワッ！」とおどかすように追いはらうこともあります。研究者は、このような行動を遊びではないかと考えています。

コンゴウインコのおもな食べものは、木の実の種。種は果肉より栄養があります。ほかの動物が食べられないかたい種でもクチバシと舌を使って食べることができます。栄養ある食べものを独りじめできて時間にゆとりがあり、遊ぶ余裕ができたのではないかと考えられています。

【ミニデータ】撮影場所：ペルー。「遊び大好き!? 王様インコ」

QUESTION 12

ヤブイヌのメスはなぜ逆立《さか》ち《だ》をしている？

⬆ヤブイヌはブラジルなど南米《なんべい》のやぶにすむ野生《やせい》のイヌ。一千万《いっせんまん》年《ねん》も前《まえ》から地球上《ちきゅうじょう》にいたと考《かんが》えられているよ。

1　前脚《まえあし》をきたえている

2　子《こ》どもを産《う》む

3　おしっこをしている

⬆体長《たいちょう》60cm、地面《じめん》から背中《せなか》までの高《たか》さは30cmくらい。からだが細長《ほそなが》く、脚《あし》は短《みじか》いよ。草《くさ》や低《ひく》い木《き》の茂《しげ》ったやぶでの移動《いどう》に便利《べんり》なんだ。

⬆生《う》まれてひと月半《つきはん》くらいの子《こ》ども。ヤブイヌのすまいは地面《じめん》の中《なか》の巣穴《すあな》だよ。

QUESTION 12

答《こた》え

③ メスは逆立《さかだ》ちでおしっこして高《たか》いところににおいをつける

イヌがおしっこをかけるのは、なわばりを示《しめ》すのがおもな目的《もくてき》です。オスはメスのように逆立《さかだ》ちをせず、片脚《かたあし》をあげておしっこします。そのときスプリンクラーのように広《ひろ》く散水《さんすい》するのが特徴《とくちょう》。メスは高《たか》く、オスは広《ひろ》くにおいをつけることで、なわばりを強《つよ》くアピールします。

ヤブイヌはひと組《くみ》のオスとメス、その子《こ》どもたちの群《む》れで暮《く》らしています。すまいは地面《じめん》の中《なか》の細長《ほそなが》い巣《す》穴《あな》。からだが細長《ほそなが》いので、せまい巣《す》穴《あな》の中《なか》でもからだの向《む》きを変《か》えずに、移動《いどう》でき、巣穴《すあな》に入《はい》るときは後《うし》ろ歩《ある》きで素早《すばや》く動《うご》くこともあります。

【ミニデータ】撮影場所《さつえいばしょ》：ブラジル。「短足《たんそく》のスゴイやつ! ヤブイヌ」

QUESTION 13

このライチョウはどうして おなかがふくらんでいる？

⬆雪《ゆき》が20mも積《つ》もる立山《たてやま》で暮《く》らすライチョウは国《くに》の特別天然記念《とくべつてんねんきねん》物《ぶつ》。冬《ふゆ》のからだは雪《ゆき》のようにまっ白《しろ》だよ。

1 おなかに赤《あか》ちゃんがいる

2 羽毛《うもう》をふくらませている

3 食《た》べすぎて太《ふと》っている

⬆雪《ゆき》に穴《あな》を掘《ほ》って顔《かお》を出《だ》しているのでは?
といわれているよ。かまくらのように、
雪《ゆき》の中《なか》は風《かぜ》がなく外《そと》よりは暖《あたた》かいんだ。
夜《よる》は雪《ゆき》にもぐることが多《おお》いんだって。

⬅軸《じく》が2つに分《わ》かれたライチョウの羽毛《うもう》。空気《くうき》をたっぷりふくむことができるように細《こま》かい毛《け》がたくさんはえているよ。羽毛《うもう》がたくさんのあしにも注目《ちゅうもく》!

QUESTION 13 答《こた》え

② 羽毛《うもう》をふくらませて空気《くうき》をたくわえ、寒《さむ》さをしのいでいる

からだは寒《さむ》さ対策《たいさく》万全《ばんぜん》!

ライチョウが暮《く》らす立山《たてやま》は、冬《ふゆ》、気温《きおん》が氷点下《ひょうてんか》20℃くらいまで下《さ》がります。冬《ふゆ》も高山《こうざん》で暮《く》らすライチョウは、寒《さむ》さに備《そな》えたからだをしています。

羽毛《うもう》は軸《じく》が2つに分《わ》かれ、軸《じく》には細《こま》かい毛《け》がいっぱいです。この羽毛《うもう》のおかげで空気《くうき》をたっぷりたくわえ、体温《たいおん》を逃《に》がさないようにしています。

あしは全体《ぜんたい》が羽毛《うもう》でおおわれています。あしの裏《うら》にも羽毛《うもう》がはえているので、雪《ゆき》の上《うえ》を歩《ある》いても、あしが沈《しず》むことはありません。ライチョウは空《そら》を飛《と》べますが、冬《ふゆ》はあまり飛《と》びません。なるべく体《たい》力《りょく》を使《つか》わず、ゆっくり歩《ある》いて移動《いどう》します。

⬆暖《あたた》かくなると雪色《ゆきいろ》のからだは変身《へんしん》! 茶色《ちゃいろ》や黒《くろ》い羽《はね》が混《ま》ざりはじめるよ。

⬆オスは興奮《こうふん》しているとき、目《め》の上《うえ》が赤《あか》くなるんだ。

寒《さむ》いのは平気《へいき》でも、暑《あつ》さは苦手《にがて》

ライチョウはおよそ2万《まん》年《ねん》前《まえ》の氷河時代《ひょうがじだい》に日本《にほん》にやってきたと考《かんが》えられています。その後《ご》、暖《あたた》かくなるにつれて、多《おお》くは北《きた》へ戻《もど》りましたが、一部《いちぶ》が日本《にほん》の高山《こうざん》に残《のこ》りました。日本《にほん》のライチョウは世界《せかい》で一番南《いちばんみなみ》にすんでいます。

寒《さむ》さには強《つよ》いライチョウですが、暑《あつ》い夏《なつ》は苦手《にがて》。夏《なつ》は口《くち》をあけて苦《くる》しそうにしていたり、残雪《ざんせつ》の上《うえ》を歩《ある》く姿《すがた》が見《み》られます。

冬《ふゆ》とは別《べつ》の鳥《とり》みたい! 季節《きせつ》で羽《はね》の色《いろ》が変《か》わるんですな

⬆ヒナは生《う》まれてすぐに歩《ある》きだすよ。

ヒナは生《う》まれるとすぐに歩《ある》いて食事《しょくじ》に出《で》かける

木《き》の上《うえ》に巣《す》をつくる鳥《とり》のヒナは、親《おや》が運《はこ》んでくるえさを巣《す》で食《た》べて育《そだ》ちます。でも地上《ちじょう》で暮《く》らすライチョウは、キツネなどの天敵《てんてき》にねらわれやすいので、生《う》まれて半日《はんにち》もたたないうちに巣《す》を出《で》て歩《ある》きだします。

高山《こうざん》では冬《ふゆ》の訪《おとず》れが早《はや》いので、たくさん食《た》べて急《いそ》いで成長《せいちょう》しなければなりません。ヒナの大《だい》好物《こうぶつ》はやわらかい新芽《しんめ》。お母《かあ》さんといっしょに食事《しょくじ》に出《で》かけます。

生《う》まれたてのヒナは大人《おとな》のような温《あたた》かい羽毛《うもう》がまだはえていないので寒《さむ》がりです。お母《かあ》さんにときどきからだを温《あたた》めてもらいながら食事《しょくじ》をします。

⬆あしはヒナでも大《おお》きくしっかりしているね。

【ミニデータ】撮影場所《さつえいばしょ》：富山県《とやまけん》（立山《たてやま》　室堂平《むろどうだいら》）。「わたし ライチョウ 雪《ゆき》の鳥《とり》」

QUESTION 14

アオリイカは腕《うで》を上《あ》げてなにをしている？

⬆アオリイカの寿命《じゅみょう》はわずか1年《ねん》。産卵《さんらん》のあと、短《みじか》い一生《いっしょう》を終《お》えるよ

1 卵《たまご》を産《う》んでいる

2 眠《ねむ》っている

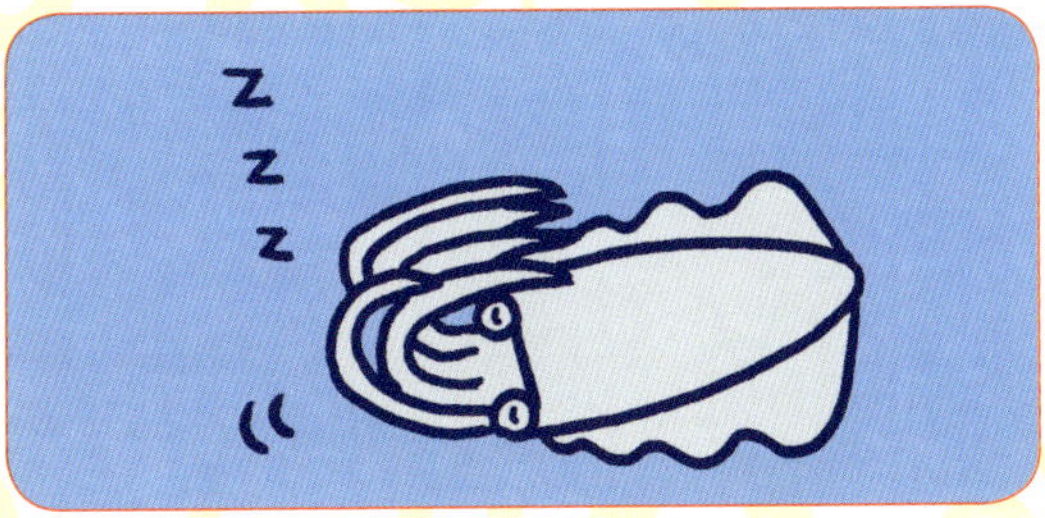

3 獲物《えもの》をさがしている

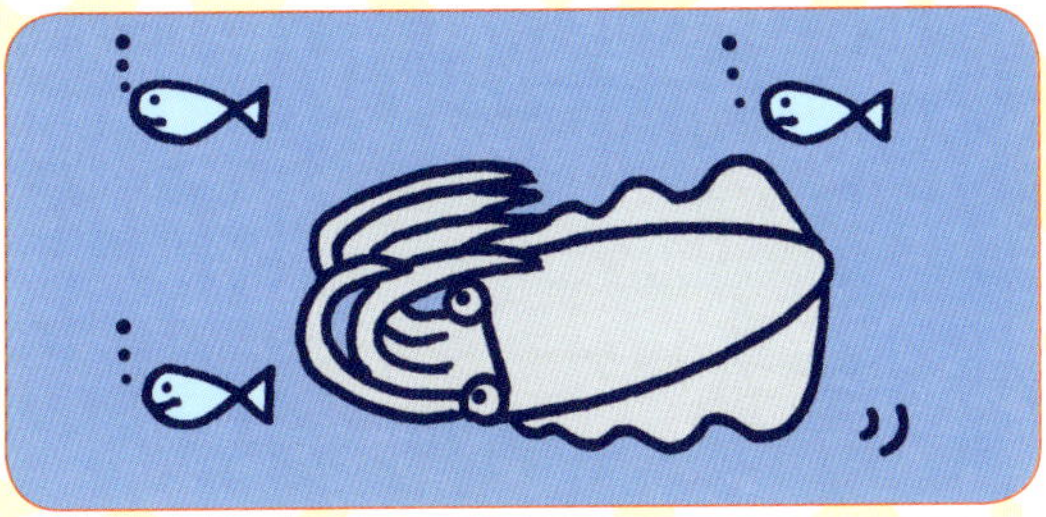

全長《ぜんちょう》が50cm以上《いじょう》もあるアオリイカもいるんだ。

⬆海《かい》そうに産《う》みつけられたアオリイカの卵《たまご》。房《ふさ》の中《なか》に見《み》える白《しろ》い粒《つぶ》が卵《たまご》だよ。

⬆こんな大《おお》きな魚《さかな》も腕《うで》でガッチリとらえるよ。

QUESTION 14 答《こた》え

③ 視線《しせん》のじゃまにならないように腕《うで》を上《あ》げる

長《なが》い腕《うで》がじゃまで、獲物《えもの》が見《み》えにくいため、Jの字《じ》のようなポーズをするそうです。

アオリイカの特徴《とくちょう》は、大《おお》きなひれ。ゆっくり泳《およ》ぐときは大《おお》きなひれを使《つか》います。前後左右《ぜんごさゆう》へ、自由《じゆう》に動《うご》きを変《か》えたり、その場《ば》にとどまるホバリングもできます。

速《はや》く泳《およ》ぐときは、「ロウト」という水《みず》をふきだす管《くだ》を使《つか》って、ロケットが飛《と》ぶように動《うご》きます。

ゆっくり泳《およ》いで獲物《えもの》をさがし、速《はや》く泳《およ》いで一瞬《いっしゅん》で近《ちか》づきハンティング。泳《およ》ぎを使《つか》い分《わ》けて狩《か》りをします。

【ミニデータ】撮影場所《さつえいばしょ》：静岡県《しずおかけん》。「いのち短《みじか》し! イカ波乱万丈《はらんばんじょう》」

QUESTION 15

トビウオはなぜ海《うみ》の上《うえ》を飛《と》ぶのだろう?

⬆飛《と》んでいる時間《じかん》は最大《さいだい》40秒以上《びょういじょう》も、距離《きょり》は100mはラクラク。スピードは時速《じそく》60km!

1 獲物《えもの》をとるため

2 敵《てき》から逃《に》げるため

3 空中《くうちゅう》の酸素《さんそ》をとりいれるため

⬆飛行機《ひこうき》そっくりのからだ。主翼《しゅよく》にあたるのは胸《むな》ビレ。

QUESTION 15 答《こた》え

② 飛《と》ぶと水中《すいちゅう》の敵《てき》からは死角《しかく》になり、逃《に》げることができる

鹿児島県屋久島《かごしまけんやくしま》で水揚《みずあ》げされる魚《さかな》の8割《わり》がトビウオです。トビウオは1種類《しゅるい》ではなく、世界《せかい》におよそ60種類《しゅるい》もいます。屋久島《やくしま》近海《きんかい》では19種類《しゅるい》が確認《かくにん》されています。

ふだんは群《む》れをつくり、プランクトンを食《た》べるおとなしくて臆病《おくびょう》な魚《さかな》です。天敵《てんてき》はシイラという肉食魚《にくしょくぎょ》で、トビウオが大好物《だいこうぶつ》。体長《たいちょう》は2mほどある大《おお》きなからだで、泳《およ》ぐのも早《はや》く、ねらわれたらかないません。

そこでトビウオは、水中《すいちゅう》を飛《と》びだして逃《に》げます。鳥《とり》のように羽《は》ばたくのではなく、滑空《かっくう》します。

飛《と》んだトビウオは水中《すいちゅう》にいるシイラからは見《み》えなくなるのです。水中《すいちゅう》では斜《なな》め上《うえ》の

⬆胸《むな》びれが飛《と》ぶために大《おお》きくなったといわれるよ。

ほうを見《み》ると、水面《すいめん》が鏡《かがみ》になり、水中《すいちゅう》のものを映《うつ》しこむため外《そと》が見《み》えません。海面《かいめん》すれすれで飛《と》んでもシイラからは死角《しかく》というわけです。

⬆トビウオをねらうシイラ。こわそうな顔《かお》だね。

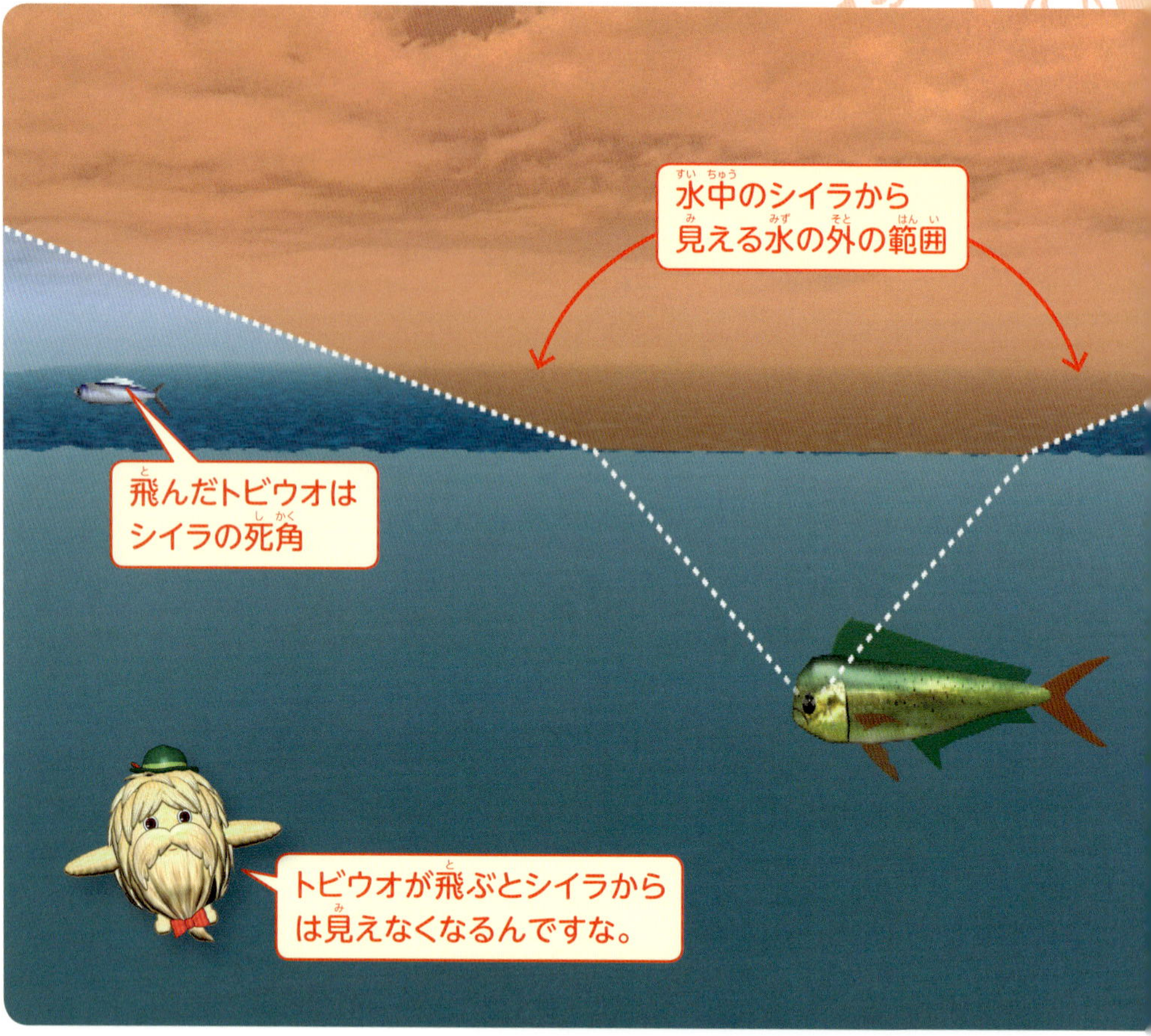
水中《すいちゅう》のシイラから
見《み》える水《みず》の外《そと》の範囲《はんい》
飛《と》んだトビウオは
シイラの死角《しかく》
トビウオが飛《と》ぶとシイラから
は見《み》えなくなるんですな。

⬆水面《すいめん》から出《で》るとき、からだを左右《さゆう》にふって加速《かそく》するよ。

QUESTION 16

陸《りく》にもどったアデリーペンギンが必《ひっ》死《し》になって石《いし》を運《はこ》ぶ先《さき》はどこ？

⬆南極《なんきょく》で一番《いちばん》数《かず》が多《おお》いといわれるアデリーペンギン。顔《かお》が黒《くろ》いのに目《め》のまわりだけ白《しろ》いよ。

1 日《ひ》当《あ》たりのいい場所《ばしょ》

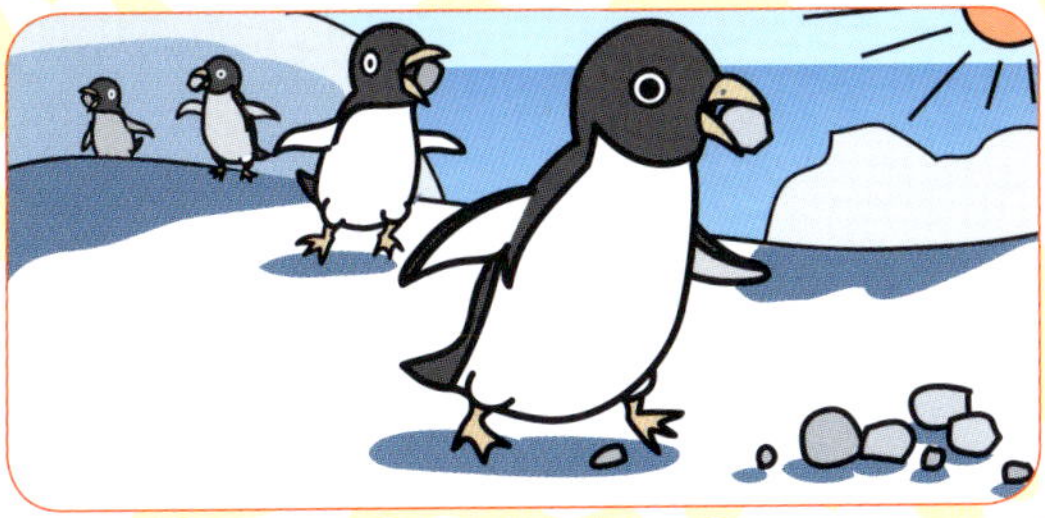

2 群《む》れの順番《じゅんばん》で決《き》められた場所《ばしょ》

3 去年《きょねん》巣《す》があった場所《ばしょ》

⬆岩場《いわば》で見《み》つけた石《いし》をくわえて運《はこ》び、巣《す》づくりをはじめるんだ。いかに大《おお》きい巣《す》を作《つく》れるか、生《い》きるための闘《たたか》いだ。

QUESTION 16

答《こた》え

③巣《す》づくりは毎年《まいとし》同《おな》じ場所《ばしょ》にする習慣《しゅうかん》が！

石《いし》は夏《なつ》の生活《せいかつ》に欠《か》かせないもの。生《い》きるために争《あらそ》いやだましあいも

冬《ふゆ》のあいだを海《うみ》で過《す》ごしたアデリーペンギンたちが陸地《りくち》にもどってくる11月《がつ》。最初《さいしょ》に到着《とうちゃく》したオスたちは、みな競《きそ》って石《いし》を集め、自分《じぶん》のなわばりに積《つ》み重《かさ》ねていきます。これは巣《す》づくりの準備《じゅんび》。夏《なつ》にも雪《ゆき》が降《ふ》る南極《なんきょく》ではどれだけ大《おお》きな巣《す》がつくれるかによって、メスへのプロポーズや産卵《さんらん》、子《こ》育《そだ》てが大《おお》きく左右《さゆう》されます。大《おお》きな石《いし》をめぐって争《あらそ》ったり、ときにはほかのペンギンの石《いし》を盗《ぬす》むこともあります。

巣《す》づくりの場所《ばしょ》は、毎年《まいとし》同《おな》じ場所《ばしょ》。ペンギンたちは太陽《たいよう》の位置《いち》や陸《りく》の地形《ちけい》によって、自分《じぶん》の巣《す》の場所《ばしょ》を見分《みわ》けられるのだから驚《おどろ》きです。オスを

⬆腹《はら》ばいになって目的《もくてき》の岩場《いわば》めざして突進《とっしん》! 歩《ある》くのよりずっと速《はや》いよ。

⬆巣《す》が小《ちい》さいと卵《たまご》が落《お》ちてしまい、ふ化《か》できないこともあるんだ。

追《お》って陸《りく》にもどってきたメスもまた、去年《きょねん》と同《おな》じ場所《ばしょ》へ。鳴《な》き声《ごえ》でおたがい夫婦《ふうふ》であることを確《たし》かめ、子育《こそだ》てをするのです。

立派《りっぱ》な石《いし》をあげるとメスのハートをつかめるんだよ

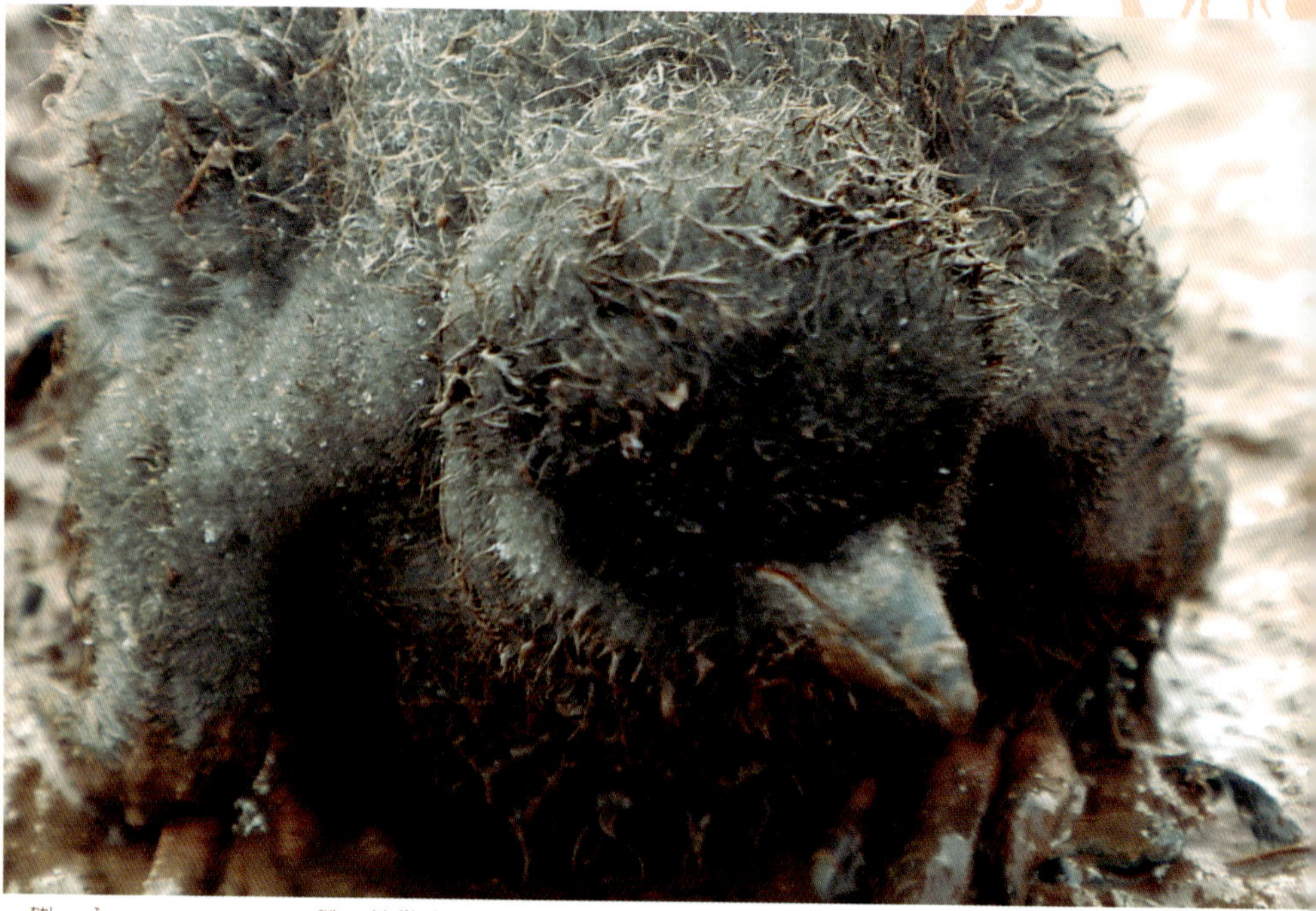

⬆昔《むかし》は降《ふ》ることがなかった雨《あめ》も温暖化《おんだんか》のためしばしば降《ふ》る。ヒナのヒフは水《みず》をはじく力《ちから》が弱《よわ》いので雨《あめ》は大敵《たいてき》。

地球温暖化《ちきゅうおんだんか》でペンギン危《あや》うし!?

南極《なんきょく》は地球温暖化《ちきゅうおんだんか》の影響《えいきょう》を受《う》け、この50年《ねん》で2・5℃も平均気温《へいきんきおん》が上《あ》がっています。おもな食《た》べものであるオキアミのすむ氷《こおり》が減《へ》り、アデリーペンギンの命《いのち》も危《あや》うくなってしまいます。暑《あつ》さに弱《よわ》いヒナが死《し》んでしまうこともあり、実際《じっさい》にかつての4分《ぶん》の1にまでペンギンの数《かず》が減《へ》った地域《ちいき》もあるのです。

⬆約《やく》5分《ぶん》の1のヒナが命《いのち》を落《お》とすなか、元気《げんき》に育《そだ》ったヒナは初《はじ》めての海《うみ》へ。

人間《にんげん》のしわざで動物《どうぶつ》の暮《く》らしにまで悪《わる》い影響《えいきょう》を与《あた》えているとは驚《おどろ》きだね

【ミニデータ】撮影場所《さつえいばしょ》：南極半島《なんきょくはんとう》。「石《いし》は宝《たから》! 南極《なんきょく》ペンギン」

QUESTION 17

メジロダコはビンを動《うご》かしてなにをしている？

←頭《あたま》と胴体《どうたい》を合《あ》わせて8㎝くらいの小《ちい》さなタコ。驚《おどろ》いたり興奮《こうふん》すると、目《め》のまわりが白《しろ》くなるから「メジロダコ」という名前《なまえ》がついたよ。

1 海《うみ》の底《そこ》のそうじ

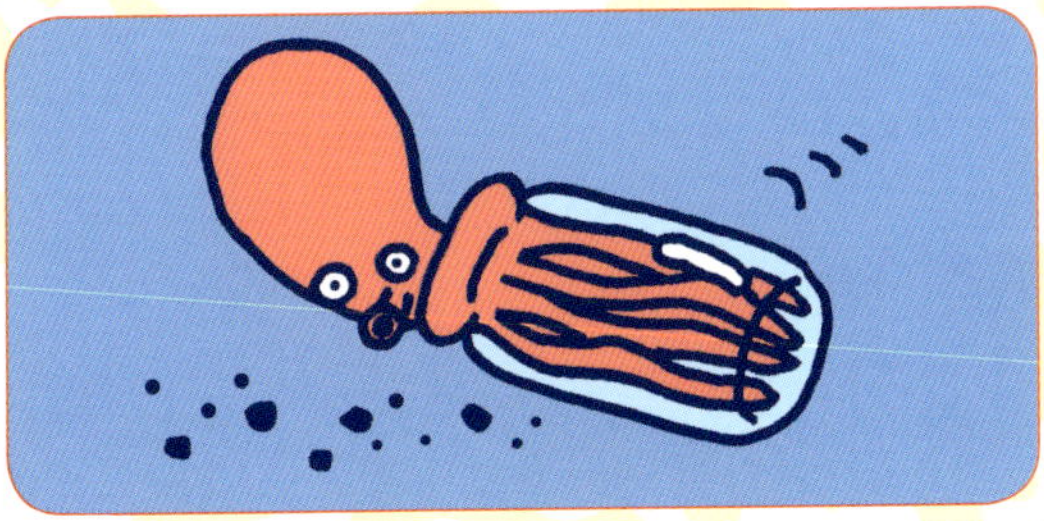

2 家《いえ》の引《ひ》っ越《こ》し

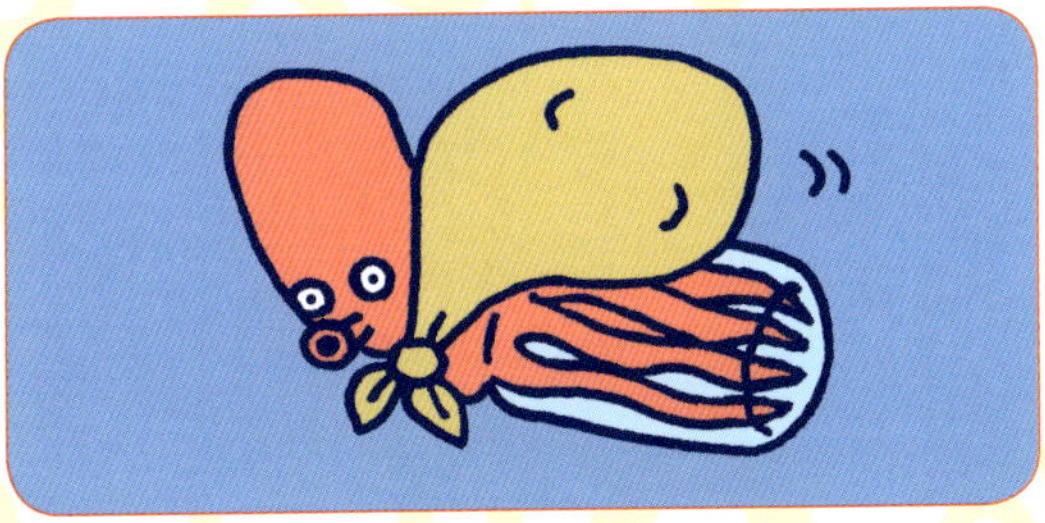

3 からだがぬけなくなり困《こま》っている

マイホーム公開《こうかい》!
陶器《とうき》のつぼ

茶色《ちゃいろ》いビン

缶《かん》のようなもの

⬆ビンのおうちに入《はい》って、入《い》り口《ぐち》は貝《かい》などを使《つか》ってしっかりガード。

QUESTION 17 答《こた》え

② 敵《てき》から身《み》を守《まも》るための「家《いえ》」を持《も》ち歩《ある》く

メジロダコがすむ海《うみ》は、見晴《みは》らしがよく、砂地《すなち》で隠《かく》れるところがないため、ウツボなどのこわい敵《てき》に出会《であ》うと「家《いえ》」に隠《かく》れます。もともと貝《かい》ガラを使《つか》ってからだを隠《かく》していましたが、最近《さいきん》はビンや缶《かん》など海底《かいてい》に落《お》ちているいろいろなものを家《いえ》にする姿《すがた》が見《み》られます。

大好物《だいこうぶつ》は貝《かい》。腕《うで》の力《ちから》が強《つよ》く、カラを割《わ》って食《た》べることができます。家《いえ》の近《ちか》くに獲物《えもの》がいなくなると、家《いえ》ごと引《ひ》っ越《こ》し。腕力《わんりょく》をいかしてからだより大《おお》きな家《いえ》をかかえて運《はこ》びます。

寿命《じゅみょう》が1年《ねん》あまりのメジロダコは家《いえ》の中《なか》に10万《まん》個《こ》もの卵《たまご》を産《う》むそうです。自分《じぶん》のためにも卵《たまご》のためにも大切《たいせつ》なわが家《や》です。

【ミニデータ】撮影場所《さつえいばしょ》：和歌山県《わかやまけん》。「タコ! マイホームを持《も》ち歩《ある》く」

QUESTION 18

アホウドリを絶《ぜつ》滅《めつ》から救《すく》うために使《つか》ったものは？

⬆アホウドリは国《くに》の特別《とくべつ》天然《てんねん》記念物《きねんぶつ》。海鳥《うみどり》で、翼《つばさ》を広《ひろ》げると2.5mくらい。

1 人間《にんげん》がつくったエサ

2 アホウドリの模型《もけい》

3 確実《かくじつ》に卵《たまご》がかえる人工《じんこう》の巣《す》

デコイに興味津々《きょうみしんしん》のアホウドリ。デコイ作戦《さくせん》は成功《せいこう》し4年目《ねんめ》に新《あたら》しい場所《ばしょ》でヒナが生《う》まれたよ。

QUESTION 18

答《こた》え

② 模型《もけい》でなかまだと思《おも》わせてアホウドリを呼《よ》び寄《よ》せた

危険《きけん》な場所《ばしょ》からアホウドリを移《うつ》す大作戦《だいさくせん》

１２０年前《ねんまえ》、アホウドリの繁殖地《はんしょくち》の鳥島《とりしま》には数《すう》十万羽《じゅうまんば》ものアホウドリがいたといわれています。人間《にんげん》が羽毛《うもう》をとるために乱獲《らんかく》して激減《げきげん》。１９４９年《ねん》には絶滅宣言《ぜつめつせんげん》が出《だ》されました。

その２年後《ねんご》、十数羽《じゅうすうわ》が見《み》つかりました。それは危険《きけん》な急斜面《きゅうしゃめん》で人間《にんげん》が入《はい》れなかったところです。強《つよ》い風《かぜ》でヒナが落《お》ちて死《し》んだり、土砂崩《どしゃくず》れで巣《す》が埋《う》まってしまうこともあり、なだらかな斜面《しゃめん》へ移《うつ》すことになりました。

そこで使《つか》われたのが、アホウドリの模型《もけい》。デコイと呼《よ》ばれています。デコイを新《あたら》しい場所《ばしょ》に置《お》き、鳴《な》き声《ごえ》を流《なが》し、アホウドリたちになかまがいると

⬆2008年《ねん》に引《ひ》っ越《こ》しをした10羽《わ》のヒナは無事《ぶじ》に巣立《すだ》ち、2011年《ねん》に7羽《わ》が戻《もど》ってきたよ。そして、2016年《ねん》に初《はじ》めて繁殖《はんしょく》に成功《せいこう》したんだ。

思《おも》わせて、やってくるようにしました。

はじまったヒナの引《ひ》っ越《こ》し計画《けいかく》

アホウドリたちが集《あつ》まるようになったものの、鳥島《とりしま》は活発《かっぱつ》な火山《かざん》。大《おお》きな噴火《ふんか》が起《お》これば、アホウドリが被害《ひがい》を受《う》けてしまいます。

２００８年《ねん》に３６０㎞離《はな》れた、活火山《かっかざん》ではない聟島《むこじま》にヒナを移《うつ》し、新《あたら》しい繁殖地《はんしょくち》をつくることになりました。

親《おや》を連《つ》れていかないのには理由《りゆう》があります。アホウドリは毎年《まいとし》決《き》まった場所《ばしょ》で決《き》まった相手《あいて》と子育《こそだ》てをする習慣《しゅうかん》があり、一度《いちど》決《き》めた繁殖地《はんしょくち》は変《か》えないのです。親《おや》を聟島《むこじま》に連《つ》れていっても、もとの鳥島《とりしま》へ帰《かえ》ってしまう可能性《かのうせい》が高《たか》いのです。でもヒナは、新《あたら》しい場所《ばしょ》で成長《せいちょう》すれば、大人《おとな》になっても育《そだ》った場所《ばしょ》にもどり、子育《こそだ》てをするといわれています。

【ミニデータ】撮影場所《さつえいばしょ》：東京都鳥島《とうきょうととりしま》。「アホウドリ ただいま復活中《ふっかつちゅう》!」。東京都聟島《とうきょうとむこじま》。「アホウドリ 世紀《せいき》の移住《いじゅう》プロジェクト」

第2章

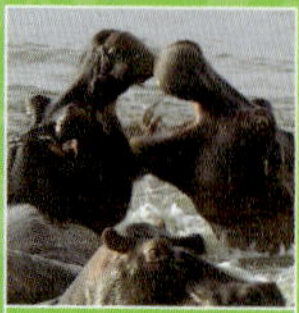

意《い》外《がい》！ ヒョウが獲《え》物《もの》を運《はこ》ぶ先《さき》

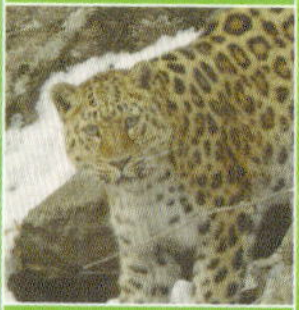

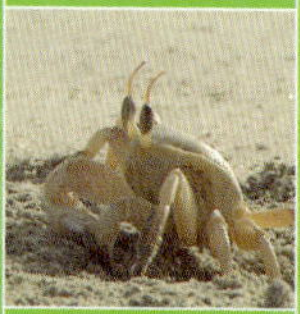

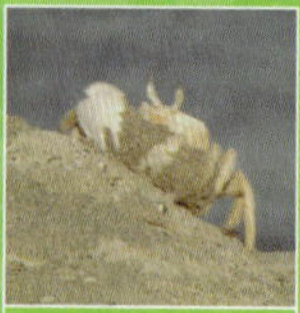

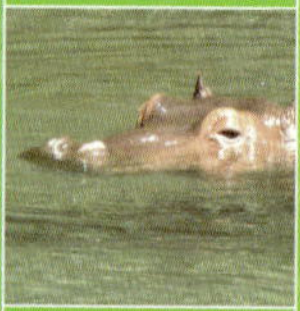

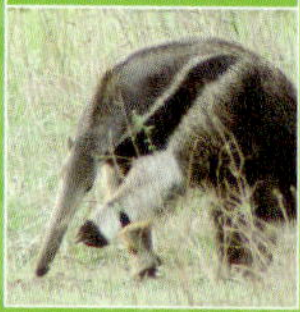

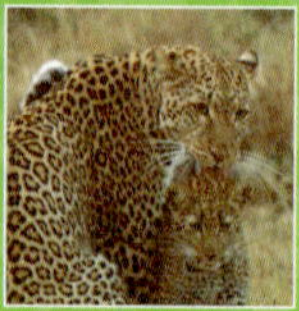

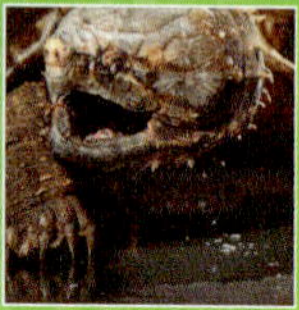

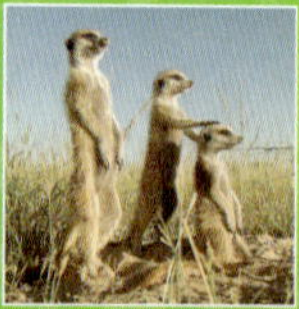

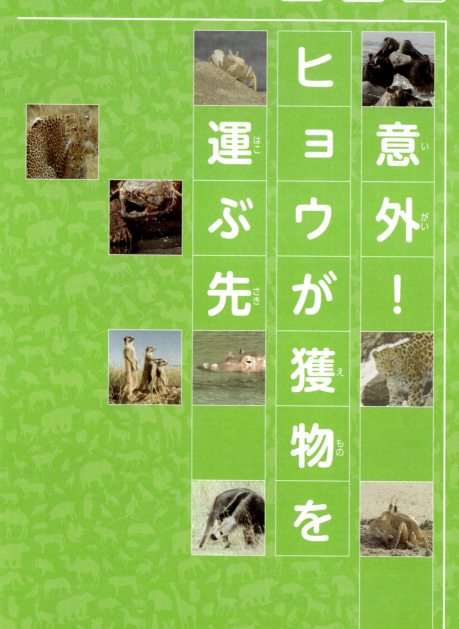

QUESTION 19

オオアリクイはかたいアリ塚《づか》のシロアリをどうやって食《た》べる？

⬆細長《ながほそ》い顔《かお》のオオアリクイ。頭《あたま》からしっぽまで2mもあるよ。

1 木《き》の枝《えだ》をアリ塚《づか》に差《さ》しこんでとる

2 長《なが》い舌《した》をアリ塚《づか》に入《い》れる

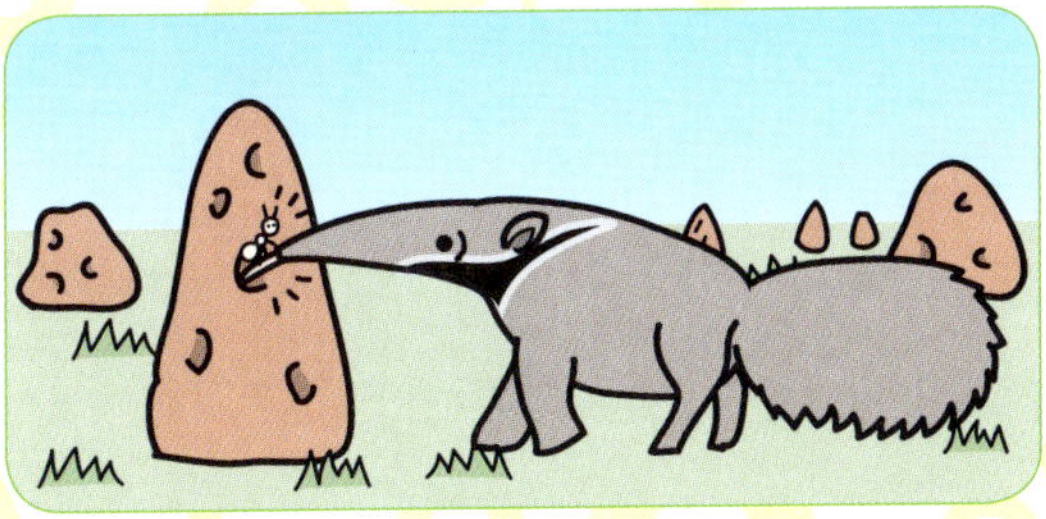

3 体当《たいあ》たりしてアリ塚《づか》をこわす

⬆からだは大《おお》きいけれど口《くち》は開《あ》けても10円《えん》玉《だま》くらいしかないよ。

QUESTION 19

答《こた》え

② 長《なが》さ60cmの舌《した》をアリ塚《づか》の穴《あな》に入《い》れて食《た》べる

大《おお》きなからだに似合《にあ》わず少食《しょうしょく》

シロアリの巣《す》、アリ塚《づか》の表面《ひょうめん》は地面《じめん》の40倍《ばい》ものかたさです。名前《なまえ》の通《とお》り、シロアリを食《た》べるオオアリクイは、においでシロアリがたくさんいるところをさがします。ねらいを決《き》めたら、ツメでひっかき、穴《あな》に舌《した》を入《い》れます。オオアリクイの舌《した》は長《なが》さ60㎝。この舌《した》を1分間《ぷんかん》に150回《かい》くらい出《だ》したり入《い》れたりしてシロアリを食《た》べます。歯《は》はないので、そのまま丸《まる》飲《の》みです。

食《た》べる時間《じかん》は1分間《ぷんかん》くらい。数百匹《すうひゃっぴき》くらいしか食《た》べていないそうです。1つのアリ塚《づか》にシロアリは百万匹《ひゃくまんびき》くらいすみ、毎日《まいにち》数千個《すうせんこ》もの卵《たまご》が産《う》まれています。でも、オオアリクイは大食《おおぐ》いせずに、次《つぎ》のアリ塚《づか》へ移動《いどう》。そのうえ1日《にち》お茶碗《ちゃわん》1杯《ぱい》くら

オオアリクイの食事

❶ まず、アリ塚《づか》のにおいをかぐ。

❷ 長《なが》い爪《つめ》で、アリ塚《づか》に小《ちい》さな穴《あな》をあける。

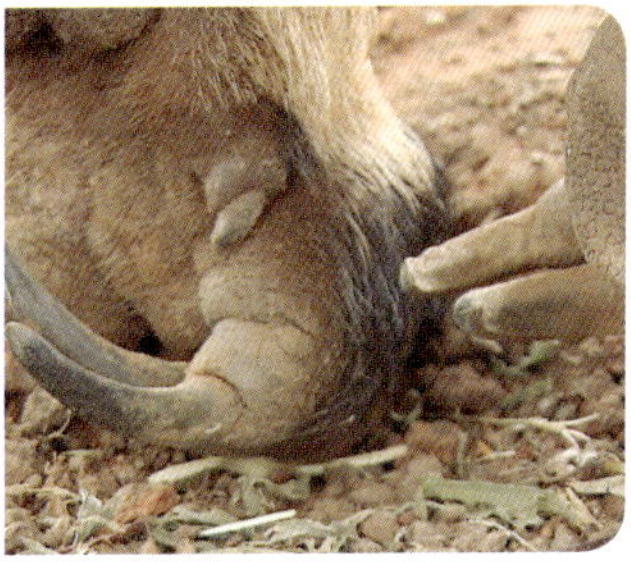

❸ 穴《あな》に舌《した》を入《い》れる。

⬆アリ塚《づか》の中《なか》から見《み》たところ。

いの量《りょう》しか食《た》べません。

ほ乳類《にゅうるい》の体温《たいおん》はふつう36〜38℃くらいですが、オオアリクイは33℃くらい。体温《たいおん》が低《ひく》いとエネルギーを生《う》みだす量《りょう》も少《すこ》しですむため、たくさん食《た》べなくてもだいじょうぶなのだそうです。

⬆お母《かあ》さんのからだの黒《くろ》い線《せん》にそって、子《こ》どもはおんぶをされるよ。上《うえ》から見《み》ると、子《こ》どもが背中《せなか》にいるのがわからなくなるんだ。敵《てき》の目《め》から子《こ》どもを守《まも》るのに役《やく》に立《た》っているよ。

赤《あか》ちゃんはお母《かあ》さんにおんぶされて育《そだ》つ

ブラジルの大草原《だいそうげん》にすむオオアリクイは、群《む》れをつくらずひとりで暮《く》らします。ただし子育《こそだ》て中《ちゅう》のお母《かあ》さんは、いつも子《こ》どもといっしょ。1年《ねん》ほどおんぶをしながら子《こ》どもを育《そだ》てます。

オオアリクイは大人《おとな》でも体温調節《たいおんちょうせつ》がうまくできません。暑《あつ》い昼間《ひるま》や寒《さむ》い夜中《よなか》は寝《ね》て過《す》ごすことが多《おお》いです。

さらに赤《あか》ちゃんは大人《おとな》より体温調節《たいおんちょうせつ》が苦手《にがて》。だから、お母《かあ》さんのおんぶは赤《あか》ちゃんの体温《たいおん》が下《さ》がらないようにあたためるのにも役立《やくだ》ちます。そのため子《こ》どもは一度《いちど》に1匹《ぴき》しか育《そだ》てず、産《う》むのは2年《ねん》に一度《いちど》です。

【ミニデータ】撮影場所《さつえいばしょ》：ブラジル。「南米《なんべい》の珍獣《ちんじゅう》シリーズ②なが〜い顔《かお》でラブ&ピース」

QUESTION 20

ワニガメは獲物《えもの》の魚《さかな》をとるとき、どんなことをする？

⬆アメリカ南部《なんぶ》の川《かわ》や沼《ぬま》にすむワニガメ。甲羅《こうら》の長《なが》さは最大《さいだい》80㎝。まさにワニのようなカメ!

1 舌《した》で魚《さかな》釣《つ》りのようにつかまえる

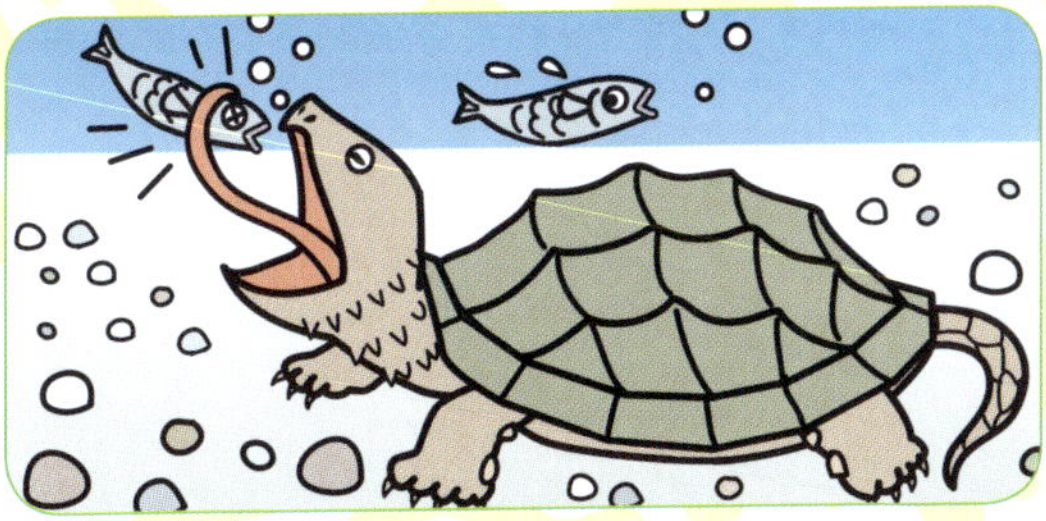

2 かたい甲羅《こうら》で体当《たいあ》たりする

3 口《くち》から毒《どく》をはきだす

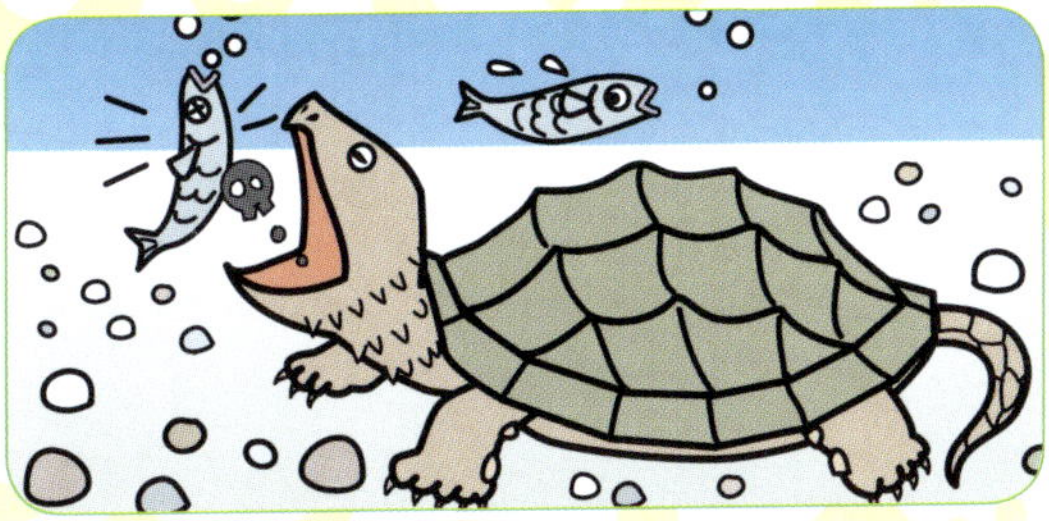

↑魚《さかな》のほうから口《くち》の中《なか》に入《はい》っていくよ。
←赤《あか》いのがミミズそっくりの舌《した》。

QUESTION 20

答《こた》え

① ミミズそっくりの舌《した》で魚《さかな》を釣《つ》る

大《おお》きなものは甲羅《こう ら》の長《なが》さ80㎝、体重《たいじゅう》100㎏にもなるワニガメ。かむ力《ちから》が強《つよ》く、貝《かい》を丸《まる》ごとバリバリ食《た》べることができます。

でも、赤《あか》ちゃんのときの甲羅《こう ら》の長《なが》さは4㎝ほど。魚《さかな》を食《た》べて大《おお》きくなります。そのとり方《かた》がとてもユニークです。

ワニガメの舌《した》は、ミミズにそっくりで、口《くち》を開《あ》けていると、魚《さかな》のほうから口《くち》の中《なか》に入《はい》ってくれます。まるで疑似餌《ぎ じ え》を使《つか》った釣《つ》り！　この舌《した》のおかげで魚《さかな》をさがしまわらなくても獲物《え もの》がとれます。でも、大人《おとな》になると、舌《した》の色《いろ》がくすんでしまい、魚《さかな》はあまり口《くち》の中《なか》まで入《はい》ってこなくなります。そこは経験《けいけん》とワザでカバーします。

【ミニデータ】撮影場所《さつえいばしょ》：アメリカ。「釣《つ》りをする"怪獣《かいじゅう》"」

⬆「見《み》張《は》りポーズ」がかわいいミーアキャット。

QUESTION 21

ミーアキャットが乾季《かんき》のときによく食《た》べるものはどれ？

1　木《き》の根《ね》っこ

2　アリ

3　サソリ

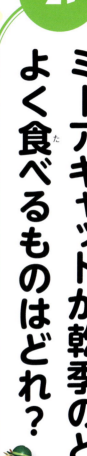

QUESTION 21

答《こた》え

③ 毒《どく》をもつサソリを食《た》べる

どうしてサソリを食《た》べるの？

乾季《かんき》が7か月《げつ》も続《つづ》くアフリカの砂《さ》漠《ばく》にすむミーアキャットは、サソリを食《た》べないと生《い》きていけません。雨《う》季《き》にはトカゲやヤスデなどの生《い》きものがいますが、乾季《かんき》にはサソリくらいしか食《た》べものがないのです。

ミーアキャットはサソリの毒《どく》に免《めん》疫《えき》があり、もし刺《さ》されても死《し》ぬことはありません。でも、刺《さ》されると痛《いた》いので、狩《か》りのときはまず、相手《あいて》のしっぽにかみついて、毒針《どくばり》をやっつけてからとどめをさします。

↑レッスン中《ちゅう》、アリに鼻《はな》をかまれた赤《あか》ちゃん。痛《いた》そうだね。

↑巣穴《すあな》から顔《かお》を出《だ》す赤《あか》ちゃん。ミーアキャットの巣穴《すあな》は地下《ちか》にあるんだ。

↑しっぽから食《た》べる赤《あか》ちゃん。見事《みごと》にサソリの毒針《どくばり》を攻略《こうりゃく》したよ。

サソリ狩《が》りを赤《あか》ちゃんに教《おし》える大人《おとな》たち

乾季《かんき》を迎《むか》える前《まえ》に大人《おとな》たちは、まだ乳離《ちばな》れをしていない赤《あか》ちゃんにサソリ狩《が》りを教《おし》えます。

最初《さいしょ》はサソリの味《あじ》を覚《おぼ》えるレッスン。狩《か》りでとったサソリを赤《あか》ちゃんに差《さ》しだし、サソリは食《た》べにくそうだけど、ごちそうなんだよと教《おし》えます。

つぎは、動《うご》くサソリをつかまえるレッスン。サソリには鋭《するど》いはさみがあり、しっぽからのほうが食《た》べやすくなります。大人《おとな》が毒針《どくばり》をとったサソリを与《あた》えて、しっぽからねらう練習《れんしゅう》をします。

最後《さいご》は生《い》きているサソリの毒針《どくばり》をやっつけるレッスン。サソリを弱《よわ》らせてから与《あた》えるなど、赤《あか》ちゃんの上達《じょうたつ》にあわせて教《おし》えます。

ほかの動物《どうぶつ》は大人《おとな》のワザを子《こ》どもが見《み》ることで自然《しぜん》と覚《おぼ》えます。人間《にんげん》以外《いがい》のほ乳類《にゅうるい》で、大人《おとな》が「教育《きょういく》する」と確認《かくにん》されたのはミーアキャットが初《はじ》めてだそうです。

⬆注意深《ちゅういぶか》く道路《どうろ》をわたるミーアキャットの家族《かぞく》。

家族《かぞく》のチームワークはバツグン

ミーアキャットの家族《かぞく》で子《こ》どもを産《う》むのはリーダーだけ。でも、生《う》まれた子《こ》どもは大人《おとな》みんなで育《そだ》てます。日光《にっこう》浴《よく》をするのも、獲物《えもの》をとりにいくのも家族《かぞく》いっしょです。

なにか危険《きけん》なことをするときは、必《かなら》ず家族《かぞく》のだれかが見張《みは》り役《やく》になります。道路《どうろ》をわたるときも狩《か》りをするときも、見張《みは》り役《やく》がいるので安心《あんしん》です。

⬆赤《あか》ちゃんも見張《みは》りポーズができるんだね。

【ミニデータ】撮影場所《さつえいばしょ》：アフリカ南部《なんぶ》カラハリ砂漠《さばく》。「熱血《ねっけつ》! ミーアキャット先生《せんせい》」

⬆アフリカの広《ひろ》い草原《そうげん》、サバンナにすむヒョウの親子《おやこ》。ヒョウは母《はは》親《おや》だけで子育《こそだ》てするよ

QUESTION 22

ヒョウはとった獲物《えもの》をどんなところに運《はこ》ぶ？

1 穴《あな》を掘《ほ》って地面《じめん》にうめる

2 木《き》に登《のぼ》って木《き》の上《うえ》にかけておく

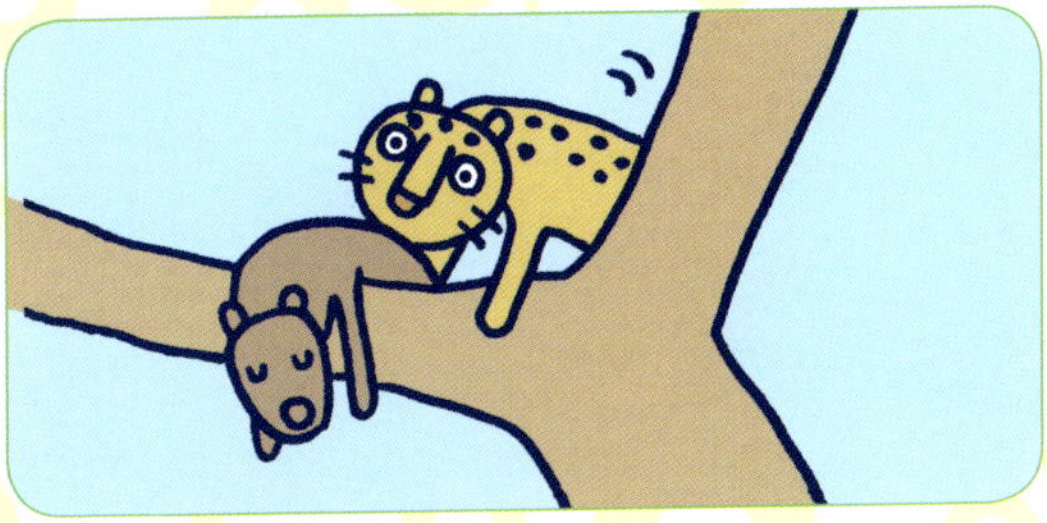

3 草《くさ》むらに隠《かく》しておく

高《たか》さ20mくらいの木《き》の上《うえ》だって平気《へいき》だよ。

QUESTION 22 答《こた》え ② 運《はこ》べる獲物《えもの》は木《き》の上《うえ》に置《お》く

ヒョウは木登《きのぼ》りが得意《とくい》 木《き》をうまく使《つか》って生《い》きている

ヒョウは鋭《するど》いツメと強《つよ》い脚《あし》の力《ちから》で、まっすぐな木《き》でも登《のぼ》ることができます。獲物《えもの》さがし、食事《しょくじ》、子育《こそだ》て、敵《てき》から身《み》を守《まも》るなど、木《き》はヒョウにとってはなくてはならないもの。1日《にち》の多《おお》くの時間《じかん》を木《き》の上《うえ》ですごすほどです。

ヒョウが暮《く》らすサバンナの草《くさ》は、ヒョウより背《せ》が高《たか》く、地上《ちじょう》から獲物《えもの》がよく見《み》えません。高《たか》い木《き》を見張《みは》り台《だい》のようにして獲物《えもの》をさがします。

からだのもようは、木《こ》の葉《は》に隠《かく》れるのに役立《やくだ》っています。ヒョウの獲物《えもの》になる多《おお》くの草食動物《そうしょくどうぶつ》の視覚《しかく》は白黒《しろくろ》なので、ヒョウの姿《すがた》は木《こ》の葉《は》にまぎれると気《き》づかれにくくなります。

⬆とった獲物《えもの》を木《き》の上《うえ》に運《はこ》んで……

⬆木《き》の上《うえ》にいるヒョウ。これだけでもわかりにくいけれど……

⬆枝《えだ》にかけておくよ。

⬆草食動物《そうしょくどうぶつ》から見《み》るとこんな感《かん》じ。どこにいるか、わからないね。

狩《か》りがうまくないから、木《き》に保管《ほかん》？

意外《いがい》なことにヒョウは、狩《か》りがあまりうまくありません。獲物《えもの》の草食動物《そうしょくどうぶつ》より走《はし》るのが遅《おそ》く、逃《に》げられてしまうこともしばしば。とった獲物《えもの》をハイエナにとられたり、ライオンに追《お》われたりするシーンも見《み》られます。

せっかくの獲物《えもの》を横《よこ》どりされないため、そして、狩《か》りに失敗《しっぱい》しても食《た》べものに困《こま》らないように、獲《え》物《もの》を木《き》の上《うえ》にとっておくのではないかといわれています。

⬆枝《えだ》から枝《えだ》へジャンプもできるんだ!

⬆木《き》の上《うえ》なら子《こ》どもも安全《あんぜん》だね。

⬆ロシアの森《もり》にすむアムールヒョウ。

⬆インドネシアの森《もり》にすむジャワヒョウ。

⬆南《みなみ》アジアの森《もり》に見《み》られるクロヒョウ。

森《もり》に暮《く》らすヒョウたち

ヒョウはネコのなかまです。ネコの祖《そ》先《せん》はアジアの森《しん》林《りん》地《ち》帯《たい》で生《う》まれて、長《なが》い間《あいだ》に変《へん》化《か》し、いろいろな新《あたら》しい生《い》きものを誕《たん》生《じょう》させてきたといわれています。そして木《き》の上《うえ》を動《うご》きまわって狩《か》りをしてきたと考《かんが》えられています。

ヒョウはアジアで誕《たん》生《じょう》し、アフリカに広《ひろ》がり、各《かく》地《ち》の森《しん》林《りん》にすんでいます。アフリカでは草《そう》原《げん》にすんで木《き》を利《り》用《よう》しているヒョウですが、ほかの地《ち》域《いき》では森《もり》にすんでいるヒョウがいます。

【ミニデータ】撮《さつ》影《えい》場《ば》所《しょ》：タンザニア、ケニア（セレンゲティ平原《へいげん》）。「猛獣《もうじゅう》ヒョウ巨木《きょぼく》に生《い》きる」

QUESTION 23

ユウレイガニはどうして砂山《すなやま》をつくる?

⬆砂山《すなやま》をつくるユウレイガニ。夜《よる》になると白《しろ》いからだが幽霊《ゆうれい》のように見《み》えるため、名《な》づけられたといわれるよ。

1 メスを誘《さそ》うため

2 獲物《えもの》をさがすときに遠《とお》くを見《み》るため

3 獲物《えもの》を中《なか》に隠《かく》すため

⬆巣穴《すあな》を掘《ほ》っては砂《すな》を運《はこ》んで積《つ》みあげていくよ。

➡ユウレイガニが使《つか》っていない巣穴《すあな》にせっこうをいれて型《かた》をとったもの。直径《ちょっけい》10cm、深《ふか》さは60cm、長《なが》さは1mくらい。らせんのようなカーブで敵《てき》が入《はい》りにくい構造《こうぞう》だよ。

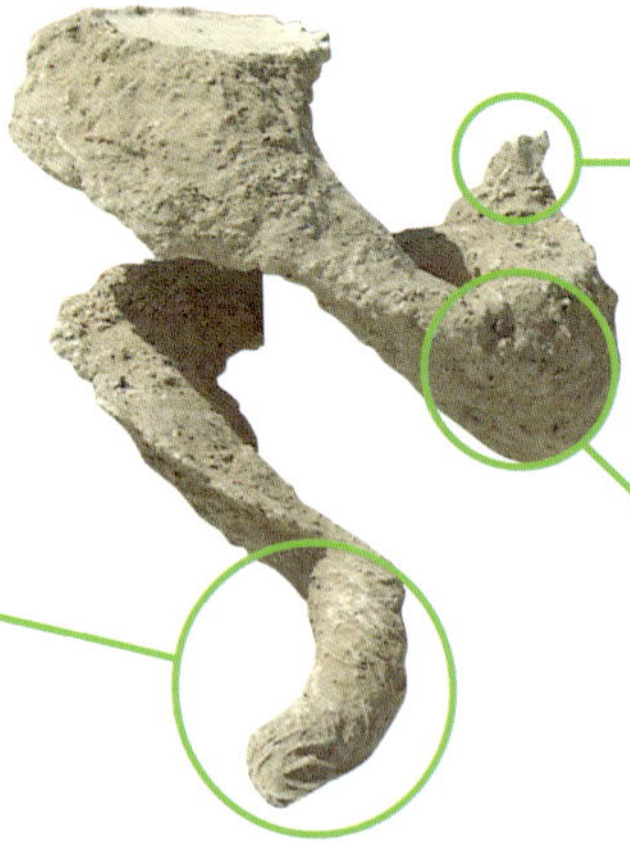

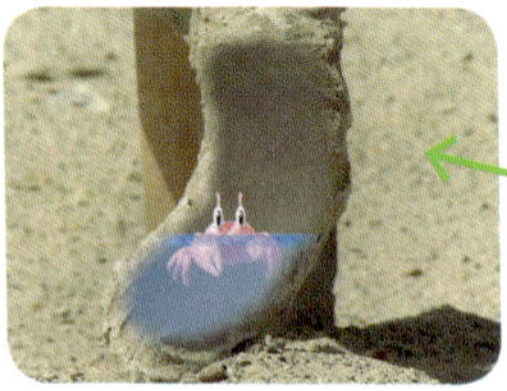

QUESTION 23 答《こた》え

1 メスを誘《さそ》って卵《たまご》を産《う》んでもらう

オスがつくる砂山《すなやま》でメスは巣穴《すあな》をチェック！

ユウレイガニは砂浜《すなはま》に穴《あな》を掘《ほ》って、巣《す》をつくります。掘《ほ》ったときに出《で》る砂《すな》を積《つ》みあげてできるのが砂山《すなやま》です。

メスはオスが掘《ほ》った巣穴《すあな》で卵《たまご》を産《う》むので、すみ心地《ごこち》のよい巣穴《すあな》をもつオスを選《えら》びます。暮《く》らしやすい大《おお》きな巣穴《すあな》を掘《ほ》るには、外《そと》に出《だ》す砂《すな》が多《おお》くなります。大《おお》きな砂山《すなやま》ほど、よい巣穴《すあな》の印《しるし》。また、からだの大《おお》きいオスほど大《おお》きな砂山《すなやま》をつくることができます。メスは砂山《すなやま》を手《て》がかりに、立派《りっぱ》な巣穴《すあな》とオスを見《み》つけます。

⬆待《ま》ちに待《ま》ったメスがやってきた!

⬆すみ心地《ごこち》をチェックして、すまい決定《けってい》!

⬆巣穴《すあな》の乗《の》っとりをめぐるオス同士《どうし》の闘《たたか》い。

⬆砂浜《すなはま》にずらりとそびえる砂山《すなやま》。標高《ひょうこう》は30㎝ほど!?

砂浜《すなはま》の家《いえ》はつらいことも

せっせと巣穴《すあな》をつくっても、大《おお》きな波《なみ》が来《く》れば砂浜《すなはま》では一瞬《いっしゅん》でくずされてしまいます。また、産卵《さんらん》にやってきたウミガメにこわされることもあります。

それでも砂浜《すなはま》にこだわるのは、からだにいつも新鮮《しんせん》な海水《かいすい》を取《と》り入《い》れるためです。また砂浜《すなはま》には食《た》べものが多《おお》いからです。

こわれた巣穴《すあな》はこつこつと修理《しゅうり》します。中《なか》には、別《べつ》の巣穴《すあな》を乗《の》っとってしまうオスもいます。

【ミニデータ】撮影場所《さつえいばしょ》：オマーン。「幽霊《ゆうれい》ガニ! 砂山《すなやま》の恋物語《こいものがたり》」

大《おお》きな口《くち》を
かばっと開《あ》けて
いざ勝負《しょうぶ》!

カバ VS カバ

カバのオス同士《どうし》が、きばをむき出《だ》して大《だい》激《げき》突《とつ》！　どうやらなわばり争《あらそ》いのようです。

カバの水中《すいちゅう》での暮《く》らしと、なわばりをめぐるオスどうしの争《あらそ》いを、ケニアとウガンダの水辺《みずべ》で追《お》いました。すると、おとなしそうな印象《いんしょう》のカバの、ほんとうのすがたが見《み》えてきました。

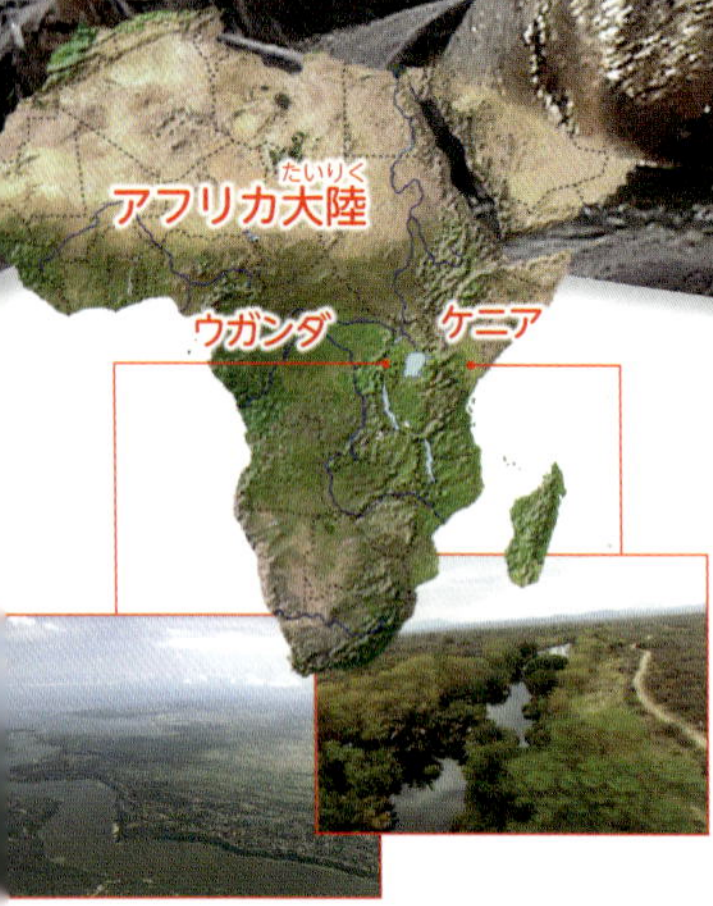
アフリカ大陸《たいりく》
ウガンダ
ケニア

⬆世界《せかい》で唯一《ゆいいつ》、カバの水中《すいちゅう》でのようすを撮影《さつえい》できるケニアのツァボ国立公園《こくりつこうえん》(右《みぎ》)と世界一《せかいいち》カバが多《おお》いウガンダのクイーン・エリザベス国立公園《こくりつこうえん》(左《ひだり》)。

カバ Hippopotamus amphibius	体長《たいちょう》:3.5～4m／体高《たいこう》:1.4～1.65m／体《たい》重《じゅう》:2～3.2t(トン)／食《た》べもの:草《くさ》、木《き》の根《ね》や葉《は》。／特徴《とくちょう》:1日《にち》の大半《たいはん》を、水中《すいちゅう》ですごす。陸上《りくじょう》動物《どうぶつ》では、ゾウについで大《おお》きい。

水中《すいちゅう》での暮《く》らし

ケニアのツァボ国立公園《こくりつこうえん》にあるムジマの泉《いずみ》。ここは水《みず》がきれいなので、カバの水中《すいちゅう》での暮《く》らしを観察《かんさつ》できる世界《せかい》でただ1つの場所《ばしょ》。長《なが》さ500mほどの細長《ほそなが》い泉《いずみ》です。

いました、カバの群《む》れです。この群《む》れは、1頭《とう》のオスと7頭《とう》のメス、そして2頭《とう》の子《こ》どものぜんぶで10頭《とう》。少《すこ》し上《うえ》につき出《で》ている目《め》と鼻《はな》と耳《みみ》だけが水《みず》の上《うえ》にのぞいています。ちょっと顔《かお》を出《だ》すだけで、息《いき》つぎもでき、まわりに注意《ちゅうい》をはらうこともできます。さらに鼻《はな》の穴《あな》を、自在《じざい》に閉《と》じたり開《ひら》いたりできるので、もぐっても、鼻《はな》に水《みず》が入《はい》りません。便利《べんり》ですね。

さあ、さっそく水《みず》の中《なか》をのぞいてみましょう。とてもきれいな泉《いずみ》ですね。カバが泳《およ》いで……あれ、水《みず》の底《そこ》を歩《ある》いています。じつはカバはあまり泳《およ》ぎがとくいではありません。こうして水《みず》の中《なか》も歩《ある》いて移動《いどう》するのです。底《そこ》に、カバが歩《ある》く道《みち》ができています。いつも同《おな》じところを歩《ある》くので、そこだけ藻《も》が生《は》えないのだそうです。

⬆1日《にち》のほとんどを水《みず》の中《なか》ですごすカバ。

⬇鼻《はな》の穴《あな》を開《ひら》いて（上《うえ》）、閉《と》じる（下《した》）。

⬅底《そこ》を歩《ある》くカバ（左《ひだり》）と、カバが歩《ある》いてできた道《みち》（右《みぎ》⬆）。

カバが動《うご》きだす時間《じかん》

昼間《ひるま》の暑《あつ》い時間帯《じかんたい》、カバたちは群《む》れで集《あつ》まってほとんど動《うご》きませんでした。体温調《たいおんちょう》節《せつ》をするための汗《あせ》をかく器官《きかん》がないので、体温《たいおん》が上《あ》がらないよう、じっとしているのです。

では、食事《しょくじ》はどうしているのかというと、夜《よる》、すずしくなってから、数《すう》㎞はなれた草《くさ》地《ち》へいきます。カバは1日《にち》に50㎏も草《くさ》を食《た》べるので、水辺《みずべ》近《ちか》くの草《くさ》ばかりを食《た》べているわけにはいきません。ときには10㎞も歩《ある》いていくこともあります。

水辺《みずべ》で草《くさ》を食《た》べているカバたち。そこへ、ライオンの群《む》れがやってきました。ライオンも夜《よる》に活発《かっぱつ》になる夜行性《やこうせい》の動物《どうぶつ》。からだの大《おお》きなカバにとっても、危険《きけん》な肉食動物《にくしょくどうぶつ》です。

知《し》ってる? カバのお肌《はだ》は乾燥《かんそう》が大敵《たいてき》

カバは、皮膚《ひふ》の表面《ひょうめん》がとてもうすく、毛《け》も生《は》えていません。そのため陸《りく》地《ち》に上《あ》がると、すぐに水分《すいぶん》が蒸発《じょうはつ》していってしまいます。乾《かわ》いたままにしておくと、皮膚《ひふ》がさけて、水分《すいぶん》はますます蒸発《じょうはつ》し、脱水症状《だっすいしょうじょう》を引《ひ》きおこすこともあります。そのため、日《ひ》ざしのある昼間《ひるま》は水《みず》の中《なか》ですごし、夜《よる》に活《かつ》動《どう》します。

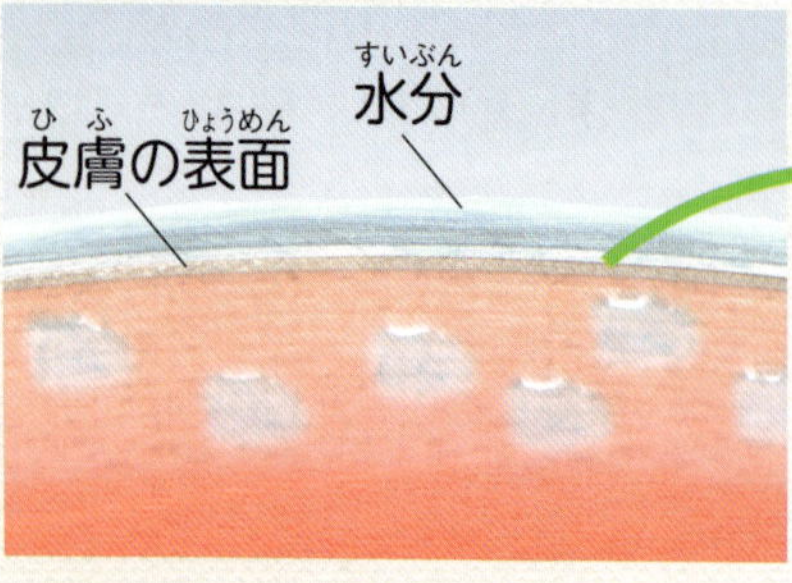

水《みず》から上《あ》がったばかりの皮膚《ひふ》は水分《すいぶん》をじゅうぶんふくんでいても（左《ひだり》）、すぐに乾燥《かんそう》しはじめ、しまいに皮膚《ひふ》が割《わ》れてしまう（右《みぎ》）。

一触即発《いっしょくそくはつ》の緊張《きんちょう》の瞬間《しゅんかん》。ライオンの動《うご》きがとまりました。あ、すかさずカバたちが逃《に》げ出《だ》します。のんびり見《み》えるカバですが、100mを10秒《びょう》で走《はし》ることができます。オリンピックの短距離選手《たんきょりせんしゅ》のようなスピードですね。

➡日中《にっちゅう》は群《む》れで集《あつ》まって、じっとしている。動《うご》くのは息《いき》つぎのときぐらい。

⬆カバをねらってライオンがやってきた。

⬆夜《よる》になって、食《た》べものの草《くさ》のある場所《ばしょ》までやってきた。

泉《いずみ》をゆたかにするカバの……

つぎの朝《あさ》、食事《しょくじ》から帰《かえ》ってきたカバたちが、ゆっくりと泉《いずみ》の中《なか》を歩《ある》いています。カバのあとをついて泳《およ》ぐ魚《さかな》がたくさん。よく見《み》るとおしりのあたりでなにか食《た》べているように見《み》えますが……。じつは魚《さかな》たちは、カバのふんを食《た》べているのです。泉《いずみ》の水《みず》は栄養分《えいようぶん》がとぼしいため、陸地《りくち》でたくさんの草《くさ》を食《た》べるカバのふんは、魚《さかな》にとって貴重《きちょう》な食料《しょくりょう》になるのです。

カバがふんをすると、魚《さかな》がそれを食《た》べて増《ふ》えていきます。その魚《さかな》を食《た》べる鳥《とり》などの動物《どうぶつ》も食《た》べものに困《こま》らなくなります。カバからはじまる、泉《いずみ》をゆたかにするつながり〝命《いのち》の輪《わ》〟がここにはあるのですね。

⬅ふんをするカバの後《うし》ろをついて泳《およ》ぐ魚《さかな》たち。

⬆群《む》れに入《はい》りこんできた若《わか》いオス（⬆）。若《わか》いオスに近《ちか》づく群《む》れの主《あるじ》（⬆）。

⬆クイーン・エリザベス国立公園《こくりつこうえん》のカバたち。

なわばり争《あらそ》い

ムジマの泉《いずみ》では、1つの群《む》れがのんびり暮《く》らしていましたが、5000頭《とう》ものカバが600の群《む》れをつくって暮《く》らす、ここウガンダのクイーン・エリザベス国立公園《こくりつこうえん》では、どんなようすなのでしょうか？

長《なが》さ40㎞の水路《すいろ》に、たくさんのカバがひしめき合《あ》っています。

おや、ある群《む》れのなわばりの中《なか》に、若《わか》いオスが入《はい》ってきました。群《む》れのメスを横《よこ》どりしようとねらっています。群《む》れをまとめる主《あるじ》のオスが気《き》づきました。ものすごいいきおいで、若《わか》いオスに近《ちか》づいていきます。

群《む》れのメスとなわばりをめぐってバトルがはじまりました！　たがいに大《おお》きな口《くち》で、相《あい》手《て》をおどかします。どちらも、一歩《いっぽ》もゆずりません。大《おお》きなきばを見《み》せながら、顔《かお》を相手《あいて》

大《おお》きな口《くち》を開《あ》け
ぶつかる2頭《とう》!

ガバッ
ガバッ
きばをむき出《だ》し……

若《わか》いオス(右《みぎ》)
に打《う》ちつけた!

若《わか》いオス(➡)は
おされ気味《ぎみ》だ。

しっぽをふって、降参《こうさん》。若《わか》いオスは、猛《もう》ダッシュで逃《に》げていった。

群《む》れ全員《ぜんいん》でワニをとらえ、追《お》いはらった。

にぶつけ合《あ》っています。群《む》れの主《あるじ》のきばが、若《わか》いオスに打《う》ちつけられました。若《わか》いオスはおされ気味《ぎみ》です。とうとうおしりを向《む》けてしっぽをふりだしました。降参《こうさん》の合図《あいず》です。群《む》れの主《あるじ》、がっちりと群《む》れを守《まも》りました！

群《む》れを乗《の》っとったオスは、子《こ》どもたちを殺《ころ》してしまうこともあります。群《む》れの主《あるじ》は、メスだけでなく、子《こ》どもたちも守《まも》るため、力《ちから》のかぎり戦《たたか》いぬいたのです。

それにしても、オスの戦《たたか》いぶりは、意外《いがい》にもとてもはげしいものでした。なわばりを守《まも》るという使命感《しめいかん》でしょうか。子《こ》どもをねらうワニが現《あらわ》れたときは、群《む》れの全員《ぜんいん》で、ワニをとらえてほうり投《な》げることもあるといいます。じつはおっとり見《み》えるカバも、けっこうあらあらしい面《めん》をもちあわせているのですね。

お母《かあ》さんもがんばれ!

一方《いっぽう》、ムジマの泉《いずみ》では、群《む》れに2頭《とう》いたはずの子《こ》どものすがたが、1頭《とう》しか見《み》あたりません。泉《いずみ》には、ナイルワニも暮《く》らしています。ワニに食《た》べられてしまったのかもしれません。平和《へいわ》に見《み》えますが、ここにも危険《きけん》はひそんでいます。

あ、またワニがやってきました。1頭《とう》で遊《あそ》んでいた子《こ》どもに近《ちか》づいていきます。子《こ》どもがワニに気《き》づき、急《いそ》いでお母《かあ》さんのいる群《む》れのほうに逃《に》げていきます。ところがこのワニ、大胆《だいたん》にも子《こ》どもを追《お》って、群《む》れに近《ちか》づいていきます。よかった、お母《かあ》さんがワニの前《まえ》に立《た》ちはだかりました。さすがのワニも大人《おとな》のカバを、襲《おそ》うことはできません。

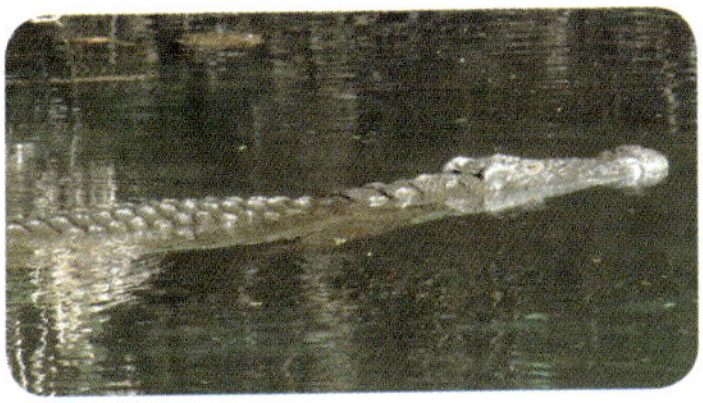

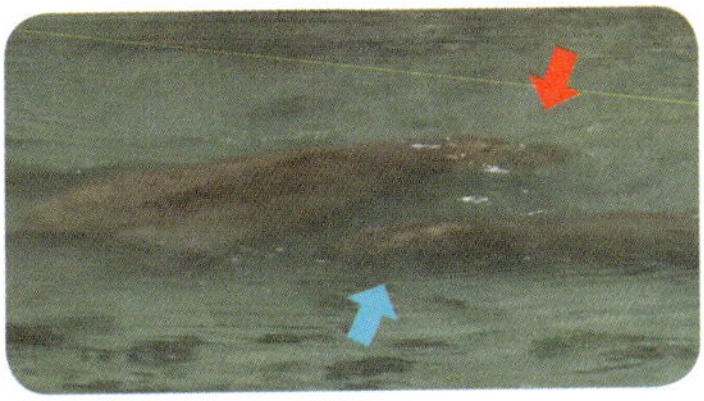

←子《こ》どもを追《お》ってきたワニ（左《ひだり》）。子《こ》ども（右《みぎ》↑）を守《まも》る母親《ははおや》（↑）。

知《し》ってる? かむ力《ちから》はピカ一《いち》!

「ダーウィンが来《き》た!」ではさまざまな動物《どうぶつ》のかむ力《ちから》をはかってきましたが、もちろんカバも調《しら》べました。これまでは、ワニが0.9kN（キロニュートン、重《おも》さをはかる単位《たんい》の1つ）、ヒグマは1.1kN、トラは1.3kN。そして最高記録《さいこうきろく》はワニガメの3kNでした。ではカバは? なんと出《で》ました4.7kN！「ダーウィンが来《き》た!」史上《しじょう》1位《い》!最高記録更新《さいこうきろくこうしん》です。

↑動物園《どうぶつえん》のカバでは、4.7kNを記録《きろく》。

なんと! バカ力《ちから》ですな。
あれ? カバ力《ぢから》?

楽園《らくえん》ふたたび……

じつはここムジマには、カバの群《む》れは1つしかいません。しかも、もともとこの泉《いずみ》にいた群《む》れではないのだそうです。

2008年《ねん》から数年間《すうねんかん》、大干《だいかん》ばつがつづきました。湧《わ》き水《みず》が豊富《ほうふ》なムジマの泉《いずみ》ですが、この干《かん》ばつで、まわりの草《くさ》がかれはててしまい、ゾウやキリン、シマウマといった草食動物《そうしょくどうぶつ》はつぎつぎに死《し》んでいきました。カバも例外《れいがい》ではありませんでした。ムジマの泉《いずみ》には6つの群《む》れがいましたが、1つも残《のこ》らず、全滅《ぜんめつ》してしまったのです。

いまいる群《む》れは、この干《かん》ばつのあと、草《くさ》を求《もと》めてまよいこんできたのだそうです。カバがもどってきたことで、水辺《みずべ》に暮《く》らす生《い》きもののすがたも、以前《いぜん》の状態《じょうたい》にもどりつつあるといいます。ムジマの泉《いずみ》の命《いのち》の輪《わ》を支《ささ》えるカバたち。この10頭《とう》の群《む》れは、ムジマの泉《いずみ》という楽園《らくえん》が復活《ふっかつ》するための、希望《きぼう》の光《ひかり》なのです。

⬆干《かん》ばつで多《おお》くの動物《どうぶつ》が死《し》んでしまった（上《うえ》）。ムジマの群《む》れの子《こ》ども（下《した》）。

バトルはつづく…

おっとりのんびり見《み》えるカバですが、ひとたび危険《きけん》が襲《おそ》いかかってくると、意外《いがい》にも果《か》敢《かん》に立《た》ち向《む》かうすがたを見《み》ることができました。群《む》れを守《まも》るためにはげしく戦《たたか》うカバ。強《つよ》さのひみつは家族《かぞく》を守《まも》るやさしさにあるのかもしれませんね。

第3章

知《し》られざる生《い》きものたちのスゴ技《わざ》

闘《たた》いのスゴ技《わざ》

キリン

闘《たたか》いも、仲《なか》なおりも長《なが》い首《くび》で決着《けっちゃく》！

闘《たたか》う姿《すがた》は似合《にあ》わないキリンですが、メスをめぐってオス同士《どうし》が闘《たたか》うときは別《べつ》です。闘《たたか》いは静《しず》かなものとちょっと激《はげ》しいものがあって、どちらもポイントは「首《くび》」です。

高《たか》い木《き》の葉《は》を並《なら》んで食《た》べているのは、静《しず》かな闘《たたか》いです。どっちが高《たか》いところに届《とど》くか、背比《せいくら》べで競《きそ》っているのです。キリンのオスは首《くび》が立《りっ》派《ぱ》で背《せ》が高《たか》いほどメスにもてるんです。

一方《いっぽう》、激《はげ》しい闘《たたか》いでは、首《くび》をハンマーのように振《ふ》りまわし、相手《あいて》の首《くび》もとにパンチを当《あ》てます。決《き》め手《て》は角《つの》！　メスは頭《あたま》の上《うえ》に2本《ほん》だけですが、オスはおでこにも1本《ぽん》あって、3本《ぼん》の角《つの》でパンチ力《りょく》をアップしています。その衝撃《しょうげき》は、1発《ぱつ》で自動車《じどうしゃ》を横倒《よこだお》しにしてしまうほどの威力《いりょく》といわれます。

パンチ合戦《がっせん》の決着《けっちゃく》は、相手《あいて》の首《くび》にほおずりをすること。こ

⬆メスの角《つの》は2本《ほん》。オスには3本《ぼん》あるよ。

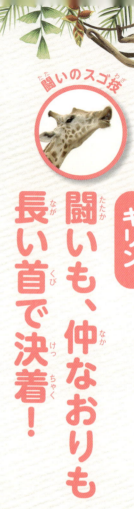

れが「参《まい》りました」という合図《あいず》です。どんなに激《はげ》しく闘《たたか》っても、どちらかが負《ま》けを認《みと》めれば、闘《たたか》いはそこで終《お》わり。スポーツの試合《しあい》のようないさぎよさです。

キリンのメスの妊娠期間《にんしんきかん》は1年《ねん》3か月《げつ》もあり、一生《いっしょう》に産《う》む子《こ》どもは6頭《とう》ほどです。アフリカのほかの大型動物《おおがたどうぶつ》にくらべると、とても少《すく》ないので、メスは強《つよ》いオスを選《えら》んで子孫《しそん》を残《のこ》さなければなりません。強《つよ》さをチェックするには、闘《たたか》いの結果《けっか》はとても重要《じゅうよう》です。

スゴ技

⬆どっちが高《たか》い葉《は》に届《とど》くか競《きそ》う、背比《せいくら》べは静《しず》かな闘《たたか》いだよ。

スゴ技
炸裂《さくれつ》！ 首《くび》パンチ！

参《まい》りました！ のポーズ
スゴ技

●キリンに関《かん》するクイズは、「進化《しんか》のふしぎ編《へん》」の69ページにあるよ！

闘《たたか》いのスゴ技《わざ》

ヤブノウサギ

恋《こい》の勝負《しょうぶ》はオス同士《どうし》でボクシング！

ヤブノウサギはヨーロッパからアジアにかけて広《ひろ》くすんでいます。撮影《さつえい》したイギリス東部《とうぶ》の田園地帯《でんえんちたい》では、野生《やせい》のウサギの暮《く》らしを近《ちか》くで見《み》ることができます。活動時間《かつどうじかん》は夕方《ゆうがた》から早朝《そうちょう》にかけて。昼間《ひるま》は畑《はたけ》の中《なか》で身《み》を伏《ふ》せて隠《かく》れています。キツネやタカなどの敵《てき》に見《み》つからないように、寝床《ねどこ》はたくさんあり、いつも変《か》えています。

とても慎重《しんちょう》なヤブノウサギですが、繁殖《はんしょく》シーズンは別《べつ》。昼間《ひるま》にもかかわらずメスをめぐって、オスたちが集《あつ》まってきます。多《おお》くのオスの中《なか》から、メスは強《つよ》いオスを選《えら》びます。日中《にっちゅう》に開《ひら》けた畑《はたけ》の中《なか》に集合《しゅうごう》するのは、目立《めだ》って危険《きけん》なようですが、複数《ふくすう》集《あつ》まることで、警戒《けいかい》の目《め》は増《ふ》えます。1匹《ぴき》でも危険《きけん》に気《き》づけば、全員《ぜんいん》で逃《に》げることができるという、群《む》れのようなしくみです。

集《あつ》まったオスは、何《なん》日《にち》もメスを追《お》いかけま

➡ふだん昼間《ひるま》は畑《はたけ》の中《なか》に隠《かく》れているよ。耳《みみ》を立《た》てて敵《てき》がいないか警戒《けいかい》しているね。

すが、やがて強《つよ》いオスだけが残《のこ》り、まるでボクシングのような激《はげ》しいパンチで闘《たたか》います。メスの前《まえ》で闘《たたか》うことで強《つよ》さをアピールしているのです。最後《さいご》に残《のこ》ったオスが、すぐにメスの相手《あいて》になれるのではなく、なんとメスとの直接対決《ちょくせつたいけつ》が待《ま》っています。オスの力《ちから》を確認《かくにん》するようにメスが攻《せ》めまくる一方的《いっぽうてき》なもの。強《つよ》い子孫《しそん》を確実《かくじつ》に残《のこ》すための、かわいいウサギの姿《すがた》からは想像《そうぞう》できない意外《いがい》な一面《いちめん》です。

⬆繁殖《はんしょく》シーズンになると、日中《にっちゅう》でも隠《かく》れず、堂々《どうどう》と畑《はたけ》に姿《すがた》を見《み》せるよ。

スゴ技
オスvsオスの闘《たたか》い

⬆まるでボクシング！　パンチはとびかい、高速《こうそく》の追《お》いかけっこなど、闘《たたか》いは激《はげ》しいよ。

オスvsメスの勝負《しょうぶ》

➡オスとの闘《たたか》いに勝《か》ってもまだ勝負《しょうぶ》が残《のこ》っているんだ。上《うえ》から踏《ふ》みつけているのがメス。オスの強《つよ》さを自分《じぶん》でチェックするよ。

闘《たたか》いのスゴ技《わざ》

ヘビクイワシ

細長《ほそなが》いあしからくりだすキックは高速《こうそく》で強烈《きょうれつ》!

アフリカ大陸《たいりく》のサハラ砂漠《さばく》より南側《みなみがわ》にすむヘビクイワシは、歩《ある》いて狩《か》りをします。すらりと長《なが》い足《あし》でバタバタとなんども地面《じめん》を踏《ふ》みつけて、草《くさ》むらに隠《かく》れている虫《むし》が飛《と》びだしてくるところをとります。

名前《なまえ》のとおり、ヘビも食《た》べます。猛毒《もうどく》をもつヘビには、強烈《きょうれつ》なキックで攻《せ》めまくります。もちろん猛毒対策《もうどくたいさく》もばっちりです。

まず、大《おお》きく翼《つばさ》を広《ひろ》げてヘビに向《む》きあいます。羽《はね》には血管《けっかん》がなく、万《まん》が一《いち》かまれても毒《どく》がまわることがないので、羽《はね》で防御《ぼうぎょ》するのです。そのため風《かぜ》が強《つよ》いと、あおられて体勢《たいせい》が保《たも》てなくなり、闘《たたか》いを断念《だんねん》することもあります。

羽《はね》を広《ひろ》げた防御姿勢《ぼうぎょしせい》からヘビに近《ちか》づいて、頭《あたま》をねらってキックします。頭《あたま》はヘビにとって最大《さいだい》の弱点《じゃくてん》。0・5秒《びょう》おき

➡頭《あたま》の後《うし》ろには黒《くろ》い飾《かざ》り羽《ばね》があるよ。背《せ》の高《たか》さは大《おお》きいもので1m以上《いじょう》、細《ほそ》いあしは60㎝以上《いじょう》あるんだ。

の高速《こうそく》キックを連発《れんぱつ》して闘《たたか》います。キックをしていないほうのあしで、キックと同時《どうじ》に後《うし》ろにジャンプし、ヘビの反撃《はんげき》を受《う》けないようにかわしています。

ヘビクイワシのまわりには獲物《えもの》を横《よこ》どりしようと、ソウゲンワシなどがねらっています。そんな敵《てき》には空中《くうちゅう》でキック。からだのバランスを上手《じょうず》につかって蹴《け》ります。

⬆獲物《えもの》を横《よこ》どりしようとするソウゲンワシには、空中《くうちゅう》キックで攻撃《こうげき》!

ビクーニャ

メスをめぐる争《あらそ》いの必殺技《ひっさつわざ》はつばの飛《と》ばしあい

南《みなみ》アメリカのアンデス山脈《さんみゃく》の高山《こうざん》にすむビクーニャは、1匹《ぴき》のオスと複数《ふくすう》のメス、その子《こ》どもたちで家族《かぞく》をつくっています。オスは1歳《さい》になると家族《かぞく》から追《お》いだされてオスだけのグループをつくります。

そんな若《わか》いオスたちはメスをめぐって、蹴飛《けと》ばしたり、かみついたり、とっくみあうような激《はげ》しい闘《たたか》いをします。そのときの必殺技《ひっさつわざ》が、つばのかけあいです。つばには胃液《いえき》がたっぷり混《ま》ざっていて、目《め》に入《はい》るととてもしみるので効果《こうか》的《てき》な攻撃《こうげき》になります。

2時間《じかん》くらい闘《たたか》い、勝《か》ったオスがメスと家族《かぞく》をつくり、一家《いっか》の主《あるじ》になれます。家《か》族《ぞく》をつくれるのはひとにぎりの強《つよ》いオスだけ。オスには家族《かぞく》を守《まも》るという重要《じゅうよう》な仕事《しごと》があるので、強《つよ》いことが条件《じょうけん》になります。赤《あか》ちゃんをね

➡石《いし》の間《あいだ》にわずかに生《は》える草《くさ》をせっせと食《た》べるよ。

⬅つばを飛《と》ばすと、口《くち》のまわりは草《くさ》色《いろ》になるよ。

らうキツネなどを追《お》いはらうのはもちろん、あやしいものが家族《かぞく》をねらっていないか、いつも警戒《けいかい》しています。

ビクーニャの暮《く》らす高山《こうざん》には草《くさ》はたくさんありません。生《は》えている草《くさ》もたった数《すう》㎜。そんな草《くさ》を食《た》べるには時間《じかん》がかかり、敵《てき》に襲《おそ》われやすくなります。そんなときもオスはいつも家族《かぞく》を見《み》守《まも》り続《つづ》けています。

⬆顔《かお》に似《に》合《あ》わず、とっくみあいの激《はげ》しいけんかもするんだ。

●ビクーニャに関《かん》するクイズは、「子育《こそだ》てのふしぎ編《へん》」の57ページにあるよ!

ハンティングのスゴ技《わざ》

エリマキトカゲ

2本《ほん》足《あし》でダッシュして獲《え》物《もの》をゲット

前足《まえあし》はぶらぶら下《さ》げたまま、後《うし》ろ足《あし》を振《ふ》りまわすように立《た》って走《はし》るエリマキトカゲ。地上《ちじょう》での移動《いどう》の約《やく》9割《わり》をこの2本足《ほんあし》ランニングで行《おこな》うといわれています。

それは、四《よ》つんばいの体《たい》勢《せい》より立《た》ちあがったほうが、地面《じめん》にいる虫《むし》がよく見《み》えてねらいやすいからです。

エリマキトカゲの狩《か》りは、

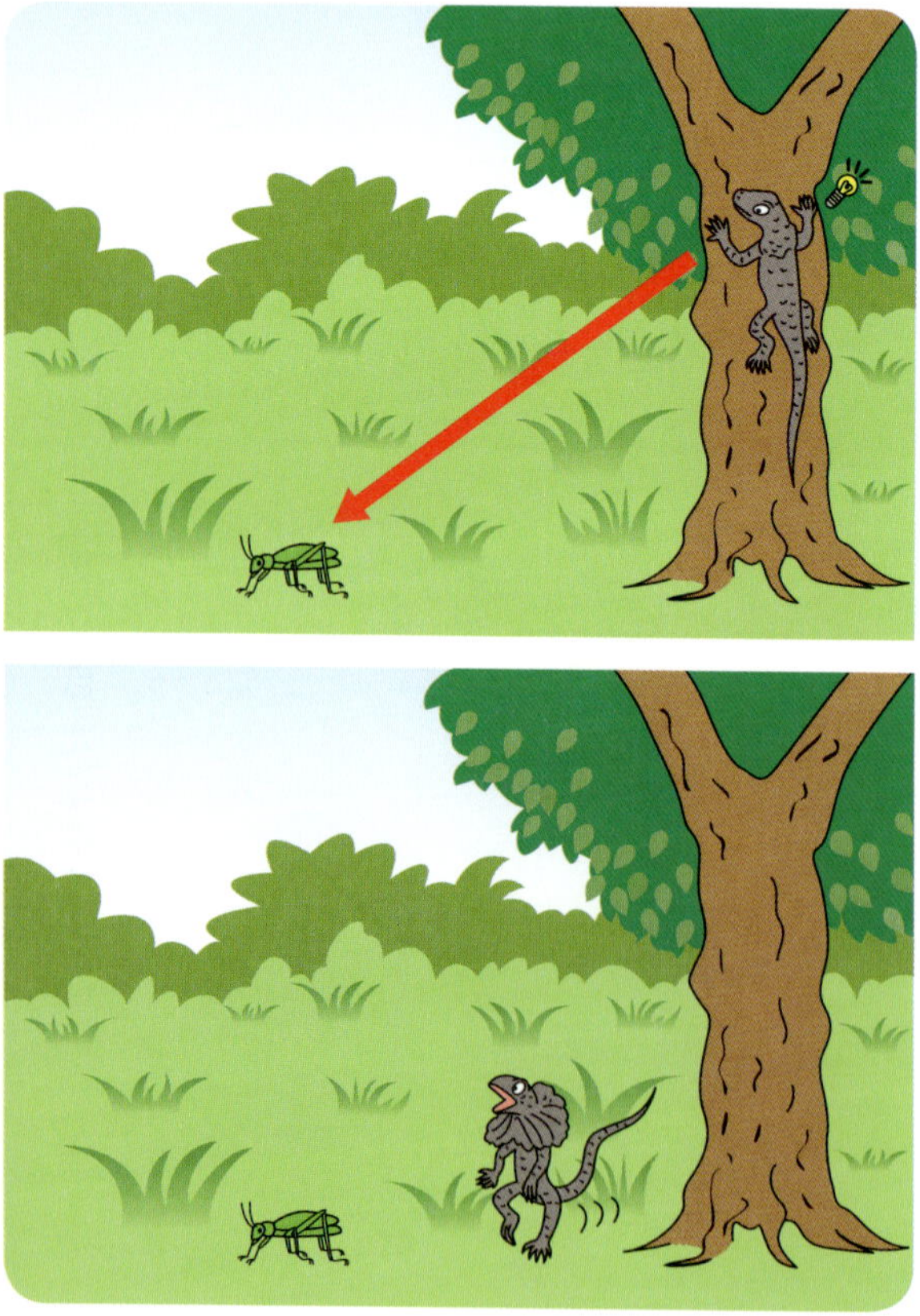

⬆木《き》の上《うえ》から虫《むし》をさがして、走《はし》ってつかまえるよ。エリマキトカゲは目《め》がいいから20m先《さき》の虫《むし》も見《み》つけられるんだって。

まず木《き》の上《うえ》から地面《じめん》にいる虫《むし》をさがします。そして虫《むし》を見《み》つけると急《いそ》いで走《はし》ってつかまえます。虫《むし》がいる地面《じめん》には草《くさ》が生《は》えているので、四《よ》つんばいでは虫《むし》がよく見《み》えません。立《た》ちあがれば、目《め》の位置《いち》が高《たか》くなって見《み》やすくなり、取《と》り逃《に》がしが少《すく》なくなります。

トカゲのなかまはふつう、立《た》ちあがって2本足《ほんあし》で走《はし》りません。からだを起《お》こそうとしても頭《あたま》の重《おも》みで下《さ》がってしまいます。でも、エリマキトカゲは背筋《せすじ》をそらせ、重《おも》い頭《あたま》を後《うし》ろに持《も》ってくることができます。エリマキトカゲの祖先《そせん》は高《たか》いところから見《み》えるようにしようと、からだを起《お》こしながら移動《いどう》する技《わざ》を少《すこ》しずつ身《み》につけていくうちに2本足《ほんあし》で走《はし》れるようになったのではないか

⬆オーストラリアにすむエリマキトカゲ。ユーモラスな走《はし》りで人気者《にんきもの》だよ。頭《あたま》からしっぽの先《さき》まで大《おお》きなもので90cmもあるんだ。

←木《き》の上《うえ》にいるときも背筋《せすじ》をピン！　木《き》の枝《えだ》みたいで、これなら敵《てき》に見《み》つからないね。

と考《かんが》えられています。

エリマキトカゲは森《もり》の中《なか》でも地《じ》面《めん》の草《くさ》が低《ひく》くて見晴《みは》らしがよいところにすんでいます。写真《しゃしん》は街《まち》の公園《こうえん》ですが、ちょっとした木立《こだち》があれば、暮《く》らせるそうです。ほどよく木《き》があり、草《くさ》が高《たか》く生《は》えていない公園《こうえん》は、かえってすみやすいともいえます。

そんな森《もり》の木《き》の上《うえ》にいるときも、エリマキトカゲは、走《はし》るときのように背筋《せすじ》を伸《の》ばしています。枝《えだ》わかれのように見《み》えて、敵《てき》から身《み》を隠《かく》すことができるんです。ふだんからのよい姿勢《しせい》が、2本足《ほんあし》で走《はし》るワザにみがきをかけているのかもしれません。

すみかのスゴ技《わざ》

シロイワヤギ

すまいは崖《がけ》っぷち！ 切《き》りたった岩場《いわば》をらくに移動《いどう》

シロイワヤギは北《きた》アメリカ、ロッキー山《さん》脈《みゃく》の切《き》りたった崖《がけ》にすんでいます。足《あし》を1歩《ぽ》踏《ふ》みはずせば、谷底《たにぞこ》へ落《お》ちてしまうような危《あぶ》ないところです。数頭《すうとう》の群《む》れをつくり、食《た》べて寝《ね》て、子育《こそだ》てもしながら暮《く》らしています。

そんな危険《きけん》な崖《がけ》で、シロイワヤギは歩《ある》くだけでなく、ジャンプしたり、かけあがったり、自由《じゆう》に動《うご》きまわることができます。

スゴ技《わざ》の秘密《ひみつ》は足《あし》のひづめにあります。ふつうの草食動物《そうしょくどうぶつ》は、ひづめをあまり開《ひら》く

⬆冬《ふゆ》はマイナス40℃にもなり、雪《ゆき》が積《つ》もるよ。でもシロイワヤギの毛《け》は寒《さむ》さにとっても強《つよ》いんだ。かえって暑《あつ》い夏《なつ》のほうが苦手《にがて》なんだって。

ことができませんが、シロイワヤギはVの字《じ》のように開《ひら》くことができます。そのため、ごつごつした岩《いわ》をひづめでしっかりはさみ、ふんばることができるんです。

また、かかとのあたりには小《ちい》さなひづめが2つあり、急斜面《きゅうしゃめん》をくだるときには、岩《いわ》にひっかけることでブレーキの役割《やくわり》をしています。

このひづめのおかげでほかの生《い》きものたちが寄《よ》りつかない崖《がけ》っぷちをすまいとして、暮《く》らすことができるのです。

⬆シロイワヤギがすんでいるのは、標高《ひょうこう》2000mもある切《き》りたった崖《がけ》。

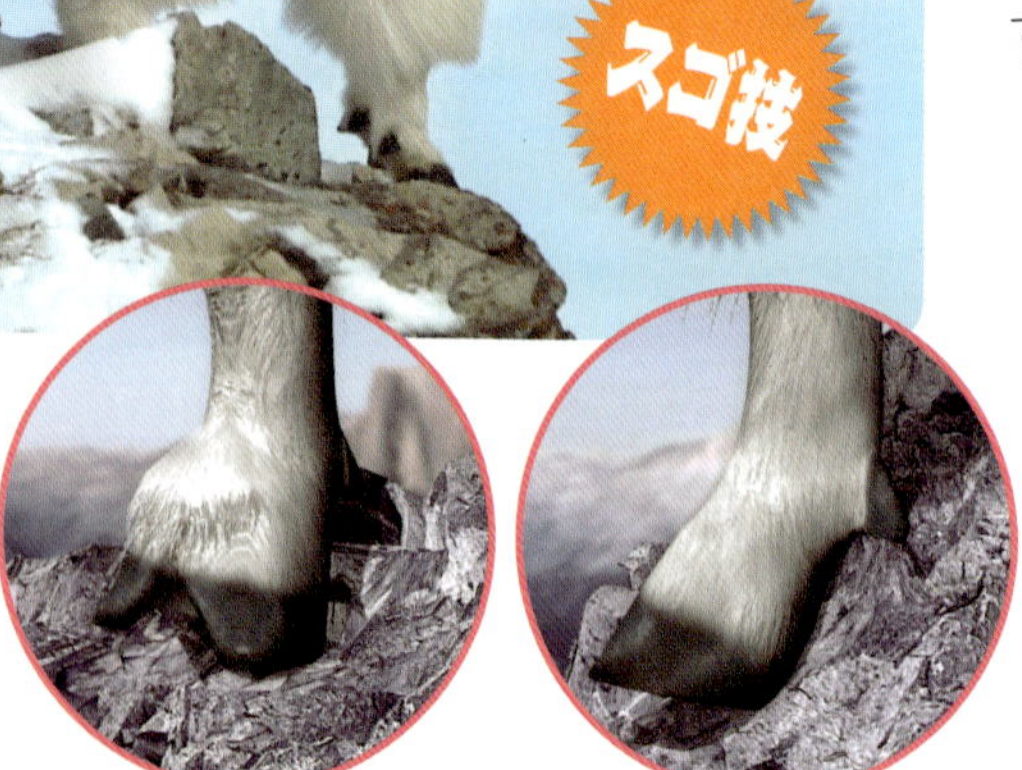

⬆➡Vの字《じ》に開《ひら》くひづめで岩《いわ》に固定《こてい》。後《うし》ろのひづめで岩《いわ》にひっかけてブレーキ代《が》わりにしているよ。

シロイワヤギの食《た》べものは崖《がけ》に生《は》えた草《くさ》です。崖《がけ》では1か所《しょ》に生《は》える草《くさ》はわずかなので、歩《ある》きまわってさがさなければいけません。崖《がけ》を降《お》りれば、草《くさ》がたくさん生《は》えたところがありますが、そこにはライバルの草食《そうしょく》動物《どうぶつ》がたくさんいます。シロイワヤギよりからだが大《おお》きく立派《りっぱ》な角《つの》をもっているので、かなう相手《あいて》ではありません。崖《がけ》ならライバルもいないというわけです。

⬆赤《あか》ちゃんもすぐにお母《かあ》さんといっしょに崖《がけ》を歩《ある》きまわるよ。

➡山《やま》のふもとにいるエルクやバイソンは、シロイワヤギよりからだが大《おお》きいんだ。

すみかのスゴ技《わざ》

クマゲラ

太《ふと》い大木《たいぼく》に正確《せいかく》にクチバシを打《う》ちこんで巣穴《すあな》をつくる

クマゲラは日本《にほん》で一番《いちばん》大《おお》きいキツツキで、大《おお》きさは45㎝くらいあります。日本《にほん》には600羽《わ》ほどしかいないため、幻《まぼろし》の鳥《とり》といわれています。

　クチバシの先《さき》は縦《たて》に細長《ほそなが》く、木《き》を削《けず》りやすい形《かたち》です。そのクチバシで木《き》をつつき、幹《みき》の中《なか》の虫《むし》を食《た》べたり、巣穴《すあな》をつくったりします。適当《てきとう》に木《き》をつついているのではなく、木《き》の繊維《せんい》にそってクチバシを正確《せいかく》に打《う》ちこみ、裂《さ》け目《め》を広《ひろ》げるように木片《もくへん》をはぎとり、穴《あな》を大《おお》きくしていきます。

　冬《ふゆ》の間《あいだ》、オスとメスは別々《べつべつ》に暮《く》らしますが、子育《こそだ》てのシーズンには毎年《まいとし》同《おな》じ相手《あいて》と、つがいになります。そして、数年《すうねん》に一度《いちど》巣穴《すあな》をいっしょにつくります。

　巣穴《すあな》の大《おお》きさは奥《おく》行《ゆき》30㎝、深《ふか》さ60㎝くらいもあるため、すまいに選《えら》ぶ木《き》は、太《ふと》い大木《たいぼく》。敵《てき》のヘビやテンが

➡夜《よる》、巣《す》はオスが守《まも》り、メスは別《べつ》の寝床《ねどこ》を使《つか》う。木《き》にあけられた穴《あな》は5つ。穴《あな》は木《き》の中《なか》でつながっていて、敵《てき》が侵入《しんにゅう》してきても、別《べつ》の穴《あな》から逃《に》げられるようになっているよ。

登《のぼ》りにくいように、表面《ひょうめん》がつるつるして、枝《えだ》が少《すく》なくまっすぐなこともポイントです。

そんな大木《たいぼく》に穴《あな》をあけるコツは姿勢《しせい》にあります。前《まえ》2本《ほん》、後《うし》ろ2本《ほん》の指《ゆび》でしっかり木《き》をつかみ、尾羽《おばね》を幹《みき》に押《お》しつけて、3つの点《てん》で支《ささ》え、下半身《かはんしん》をしっかり固定《こてい》します。そのためからだがぶれずに、ねらったところをつつくことができます。

➡巣《す》の中《なか》は意外《いがい》と大《おお》きいね。

⬅クチバシを木《き》の繊維《せんい》にそって正確《せいかく》に打《う》ちこんで、裂《さ》け目《め》を広《ひろ》げるように木片《もくへん》をはぎとり、穴《あな》を大《おお》きくしていくよ。

➡木《き》の表面《ひょうめん》につかまるのは断崖《だんがい》にとまっているようなものだけど、尾羽《おばね》と左右《さゆう》のあしの3点《てん》で支《ささ》えて、下半身《かはんしん》を固定《こてい》するから、クチバシを力強《ちからづよ》く打《う》ちこめるんだ。

すみかのスゴ技《わざ》

アメリカビーバー

ダムをつくって すまいの安全《あんぜん》と食料《しょくりょう》を保《たも》つ

ビーバーの巣《す》は水《みず》の中《なか》に木《き》を積《つ》んでつくられたふしぎな形《かたち》です。部屋《へや》は水《みず》の上《うえ》で、出入《でい》り口《ぐち》が水中《すいちゅう》という構造《こうぞう》は、水面《すいめん》の高《たか》さで家《いえ》の高《たか》さも変化《へんか》してしまいますが、ダムによって調節《ちょうせつ》されています。池《いけ》に注《そそ》ぐ水《みず》の量《りょう》が変《か》わっても、水面《すいめん》の高《たか》さはあまり変《か》わらないようになっています。

ダムをつくるのはもちろんビーバーです。まず、2mほどの長《なが》い木《き》を積《つ》み重《かさ》ねて水《みず》の流《なが》れをさえぎります。次《つぎ》に、木《き》が流《なが》されないように石《いし》で固定《こてい》し、仕上《しあ》げにすき間《ま》に泥《どろ》や草《くさ》を埋《う》めこんで完成《かんせい》させます。

⬅木材《もくざい》を積《つ》み重《かさ》ねてつくった巣《す》だよ。大《おお》きいものでは縦《たて》7m、横《よこ》4mもあるんだって。

⬆水面《すいめん》から上《うえ》は木《き》と泥《どろ》でおおわれていて出入《でい》り口《ぐち》はないよ。水《みず》の中《なか》から出入《でい》りするしくみで、2か所《しょ》あり、敵《てき》が入《はい》ってきても逃《に》げられるようにしているんだ。

ダムは巣《す》のためだけでなく、食《た》べる場《ば》所《しょ》を広《ひろ》くするためにつくっています。細《ほそ》い川《かわ》のままの場《ば》合《あい》と、ダムをつくったあとでは、岸《きし》の長《なが》さは倍《ばい》以《い》上《じょう》になり、食《た》べる場《ば》所《しょ》が増《ふ》えます。

ダムによってできた池《いけ》には、いろいろな植《しょく》物《ぶつ》が育《そだ》ち、水《みず》鳥《どり》がやってきます。そして数《すう》十《じゅう》年《ねん》すると、池《いけ》は土《ど》砂《しゃ》で埋《う》まり、草《そう》原《げん》になります。ビーバーは引《ひ》っ越《こ》しますが、草《そう》食《しょく》動《どう》物《ぶつ》にとっては食《しょく》事《じ》場《ば》所《しょ》になります。ビーバーがダムをつくることで、さまざまな生《い》きものが集《あつ》まり、森《もり》を豊《ゆた》かにしているのです。

木《き》の皮《かわ》が大《だい》好《こう》物《ぶつ》! 太《ふと》さ10cmの木《き》だって、かじって倒《たお》しちゃうよ

ビーバーのダムづくり

↑木《き》や石《いし》、泥《どろ》や草《くさ》で水《みず》の流《なが》れをせきとめるんだ。

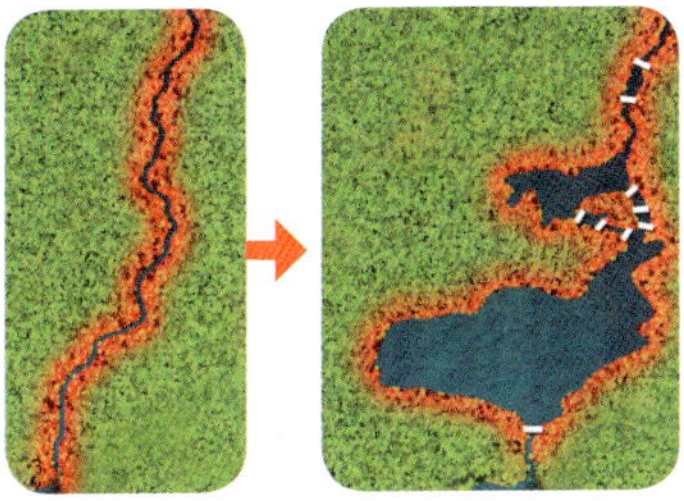

←もともとは細《ほそ》い小《お》川《がわ》だったところを、ビーバーがダムをつくり、川《かわ》をせき止《と》めて大《おお》きな池《いけ》ができたよ。岸《きし》も広《ひろ》くなったね。

すみかのスゴ技《わざ》

シャカイハタオリ

重《おも》さ1t《トン》！断熱効果《だんねつこうか》もある世界最大《せかいさいだい》の鳥《とり》の巣《す》

10m四方《しほう》に伸《の》びる枝《えだ》をおおうように広《ひろ》がるかたまりは、シャカイハタオリという鳥《とり》が枯《か》れ草《くさ》を1本《ぽん》1本《ぽん》運《はこ》んでつくった巣《す》です。重《おも》さは全体《ぜんたい》で1t《トン》くらいあります。なかには約《やく》300羽《わ》ものシャカイハタオリが暮《く》らしています。

巣《す》の下側《したがわ》にあるたくさんの穴《あな》が入《い》り口《ぐち》。まるでたくさんの部屋《へや》がある巨大《きょだい》なマンションのようです。穴《あな》は30㎝ほどで行《い》き止《ど》まりになっていて、3～4羽《わ》がいっしょに暮《く》らすことができます。部屋《へや》の住人《じゅうにん》は特《とく》に決《き》まっていません。その日《ひ》ごとに好《この》みの巣《す》を選《えら》んで暮《く》らします。

➡100年《ねん》以上《いじょう》も使《つか》われる巣《す》があるんだ。いつも枯《か》れ草《くさ》を運《はこ》んでメンテナンスしているよ。

⬆たくさん積《つ》まれた枯《か》れ草《くさ》は、断熱材《だんねつざい》代《が》わりになって、暑《あつ》さ寒《さむ》さから守《まも》るよ。

スゴ技
木《き》につくられた
かたまりは巣《す》!

巣《す》にはたくさんの穴《あな》がある

シャカイハタオリのすむアフリカ南部《なんぶ》の乾燥《かんそう》地帯《ちたい》は、日中《にっちゅう》には最高気温《さいこうきおん》が40℃を越《こ》えます。でも巣《す》の中《なか》は25℃。外《そと》よりかなり低《ひく》くなっています。それは、厚《あつ》さ1mにもなる枯《か》れ草《くさ》が断熱《だんねつ》材《ざい》のはたらきをしているためです。

乾燥地帯《かんそうちたい》の夜《よる》は寒《さむ》く、冬《ふゆ》にはマイナス20℃に下《さ》がることもあります。そんな気温差《きおんさ》があるシーズンも、厚《あつ》い枯《か》れ草《くさ》で守《まも》られた巣《す》の中《なか》なら快《かい》適《てき》です。巣《す》は小鳥《ことり》たちを暑《あつ》さ寒《さむ》さから守《まも》り、体《たい》力《りょく》の消耗《しょうもう》をおさえることにも役立《やくだ》っているのだそうです。

穴《あな》の中《なか》は、行《い》き止《ど》まりなんだ

細《ほそ》い枯《か》れ草《くさ》を
いっぱい使《つか》っ
ているよ

●シャカイハタオリに関《かん》するクイズは、「驚《おどろ》きのはなれワザ編《へん》」の19ページにあるよ!

コミュニケーションのスゴ技《わざ》

アジルテナガザル

大《おお》きな声《こえ》で歌《うた》って なわばりをしめす

インドネシア、スマトラ島《とう》にすむアジルテナガザルは、家族《かぞく》単位《たんい》で群《む》れをつくっています。大好物《だいこうぶつ》はあまく熟《じゅく》したイチジクなどの果物《くだもの》。そんな果物《くだもの》のできる木《き》を確保《かくほ》するには広《ひろ》いなわばりが必要《ひつよう》で、野球場《やきゅうじょう》10個分《こぶん》ほどのなわばりをもっています。

1つの家族《かぞく》のなわばりは、5つほどの家族《かぞく》と接《せっ》しています。すんでいる森《もり》は木《き》が茂《しげ》り、おたがいの姿《すがた》がよく見《み》えません。もしとつぜん別《べつ》の家族《かぞく》と出会《であ》ってしまうと、大《おお》げんかになってしまいます。でも、大声《おおごえ》を出《だ》して、自分《じぶん》のなわばりを主張《しゅちょう》しておけば、いきなり出会《であ》うこともなく、平和《へいわ》に暮《く》らせます。声《こえ》はとても大《おお》きく、車《くるま》のクラクションの8倍《ばい》くらいの音量《おんりょう》で、1㎞先《さき》まで聞《き》こえるといわれます。

その声《こえ》は歌《うた》を歌《うた》うようで、どこのだれ

➡暮《く》らしているのは、高《たか》さ30mもある木《き》の上《うえ》。葉《は》や枝《えだ》がたくさん生《は》えていて、見《み》つけにくいんだ。

かがわかるのはもちろん、夫婦《ふうふ》でデュエットをすることもあります。もし、メスしか声《こえ》を出《だ》さないと、群《む》れのオスが留守《るす》ではないかと思《おも》われ、なわばりに侵入《しんにゅう》されることもあるそうです。

⬆食《た》べものはあまく熟《じゅく》したおいしい木《き》の実《み》だよ。

●アジルテナガザルに関《かん》するクイズは、「進化《しんか》のふしぎ編《へん》」の61ページにあるよ!

強烈《きょうれつ》ネコパンチ!

サーバル VS ヘビ

体長《たいちょう》1mにもなる大《おお》きな毒《どく》ヘビが、首《くび》をのばして跳《と》びかかりました！　ネコのなかまサーバルがネコパンチで反撃《はんげき》！

舞台《ぶたい》は、タンザニアのセレンゲティ国立公園《こくりつこうえん》。草食動物《そうしょくどうぶつ》たちが北《きた》へと旅《たび》だったあとの、乾季《かんき》の平原《へいげん》で、サーバルのおどろきの狩《か》りや子育《こそだ》てのようすを追《お》いました。

乾季《かんき》のセレンゲティ国立公園《こくりつこうえん》。平《へい》原中《げんじゅう》、かれた草《くさ》ばかりが目立《めだ》つが……。

サーバル Leptailurus serval	体長《たいちょう》：67～100cm／尾長《びちょう》：24～45cm／体重《たいじゅう》：8.5～18kg／食《た》べもの：ネズミなどの哺乳類《ほにゅうるい》、小型《こがた》の鳥類《ちょうるい》、カエルなどの両生類《りょうせいるい》、昆虫《こんちゅう》など。／特徴《とくちょう》：ライオンなどと同《おな》じネコのなかま。細長《ほそなが》い足《あし》、小《ちい》さな顔《かお》、大《おお》きな丸《まる》い耳《みみ》をもち、からだに黒《くろ》いもようがある。

乾季《かんき》のサバンナ

乾季《かんき》まっただ中《なか》の8月《がつ》は、ヌーやシマウマなどの草食動物《そうしょくどうぶつ》が北《きた》へ大移動《だいいどう》し、大型《おおがた》の肉食《にくしょく》動物《どうぶつ》もそれを追《お》っていったあとには、生《い》きもののすがたが見《み》あたらないように思《おも》いますが、じつはサバンナでもっとも多《おお》いといわれる哺乳類《ほにゅうるい》がかくれています。なんと、ネズミ！

乾季《かんき》には、雨季《うき》のあいだにぐんぐん生長《せいちょう》した植物《しょくぶつ》から、たくさんの種《たね》が地面《じめん》に落《お》ちます。ネズミは、自分《じぶん》たちにとって1年《ねん》でもっとも食《た》べものが多《おお》いこの時期《じき》に、活発《かっぱつ》に繁殖《はんしょく》するのです。

おや、サーバルがやってきました。大《おお》きな耳《みみ》をしきりに動《うご》かしています。そして、ものすごいジャンプ！　高《たか》さ2ｍは跳《と》び上《あ》がって、4ｍほど先《さき》の地面《じめん》に着地《ちゃくち》しました。口《くち》にネズミをくわえています。あっという間《ま》の狩《か》りでした。

➡食《た》べものが豊富《ほうふ》なこの時期《じき》に、繁殖期《はんしょくき》をむかえるネズミ。

➡たくさん実《みの》った種《たね》。

⬅⬆とつぜん高《たか》く跳《と》び上《あ》がったサーバル（左《ひだり》）。着地《ちゃくち》と同《どう》時《じ》にネズミをくわえていた。

ジャンプいちばん、つかまえた！

サーバルは、ネコ科《か》の中《なか》でもすらっと長《なが》い足《あし》をもっています。頭《あたま》が小《ちい》さく、尾《お》は短《みじか》めで、とても身軽《みがる》です。ほっそりとしたからだつきは、背《せ》の高《たか》い草《くさ》が生《は》える草原《そうげん》で狩《か》りをするのに、都合《つごう》がよいのです。

サーバルがつかまえるのは、ネズミやモグラなどの小《ちい》さな哺乳類《ほにゅうるい》、ホロホロチョウなどの鳥類《ちょうるい》や昆虫《こんちゅう》などいろいろ。地面《じめん》の巣穴《すあな》にいるネズミやモグラを掘《ほ》り出《だ》してつかまえることもありますが、低《ひく》いところを飛《と》んでいる鳥《とり》を、3mほどもジャンプしてとらえることもあるそうです。

ジャンプをするときは、まずは上半《じょうはん》身《しん》をふり上《あ》げて、いきおいよく空中《くうちゅう》に

知《し》ってる？ 決《き》め手《て》は超音波《ちょうおんぱ》!?

ジャンプでネズミをつかまえるとは、サーバルの狩《か》りは独特《どくとく》ですね。この方法《ほうほう》では、ネズミの位置《いち》が正確《せいかく》にわからないと、狩《か》りはむずかしいはずです。どうしているのでしょうか？

ヒントは大《おお》きな耳《みみ》。長《なが》くて、幅《はば》がありますね。この耳《みみ》で、ネズミが出《だ》す、人間《にんげん》には聞《き》こえないほど高《たか》い音《おと》をとらえているのです。音《おと》は震動《しんどう》しながら伝《つた》わりますが、高《たか》い音《おと》ほど震動《しんどう》の幅《はば》が小《ちい》さくなり、直線《ちょくせん》に近《ちか》くなります。つまり、音《おと》が出《で》た位置《いち》からまっすぐに伝《つた》わるので、正確《せいかく》な位置《いち》を知《し》ることができるのです。サーバルは、地面《じめん》の下《した》のモグラの位置《いち》も聞《き》きわけることができるともいわれます。すぐれた耳《みみ》で狩《か》りをしているのですね。

⬆顔《かお》にくらべて、とても大《おお》きな耳《みみ》。

⬆ネズミが出《だ》す高《たか》い音《おと》はまっすぐ進《すす》むので、正確《せいかく》な位置《いち》がわかる。

とび出《だ》します。いちばん高《たか》いところで、背中《せなか》を丸《まる》めて、後《うし》ろ足《あし》も前《まえ》のほうへよせていますね。そして着地《ちゃくち》と同時《どうじ》に、前足《まえあし》で獲物《えもの》をおさえこんでいるのです。獲物《えもの》が気《き》づいたときには、もう手遅《ておく》れというわけです。

すらっとした体形《たいけい》があってこそ、生《う》み出《だ》されるジャンプ力《りょく》。すごいですね。

⬆サーバルのメス。全体《ぜんたい》にほっそりとしていて、からだのわりに頭《あたま》が小《ちい》さい。

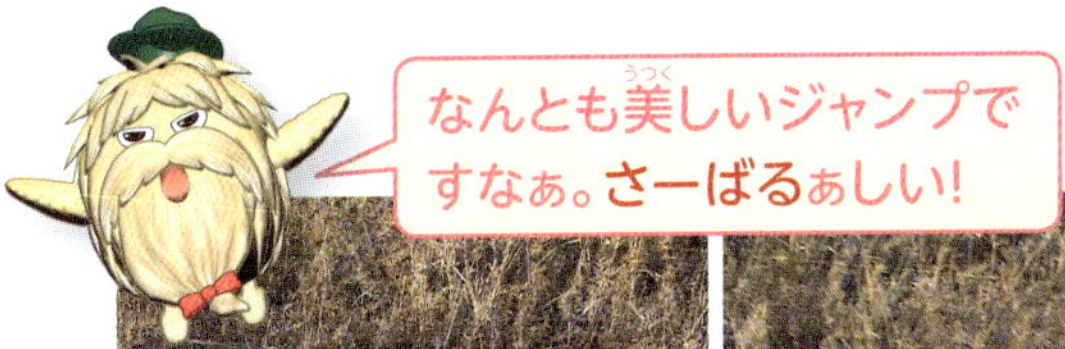
なんとも美《うつく》しいジャンプですなぁ。さーばるぁしい!

1
2
3
4
5

⬆高《たか》さ3m、距離《きょり》は4mほどもジャンプすることができる。

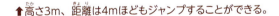

ネコパンチ炸裂《さくれつ》！

獲物《えもの》を求《もと》めて、草原《そうげん》を歩《ある》くサーバル。背《せ》の高《たか》い草《くさ》に、ちょうどかくれる高《たか》さです。黄《き》色《いろ》っぽい毛《け》の色《いろ》や黒《くろ》いはん点《てん》は、サーバルのすがたを目立《めだ》たなくさせるのに役立《やくだ》っています。獲物《えもの》に気《き》づかれないよう近《ちか》づくのに、もってこいです。

ある日《ひ》、サーバルにとって予想外《よそうがい》のできごとが起《お》こりました。草原《そうげん》をぬけると、なんと大《おお》きなヘビが横《よこ》たわっていたのです！

おそろしい毒《どく》をもつパフアダーというヘビです。出会《であ》ったとたん、サーバルに襲《おそ》いかかります。サーバル、間一髪《かんいっぱつ》でよけました！ そしてすかさず前足《まえあし》でパンチ！ ヘビの胴体《どうたい》を攻《せ》めます。ヘビも負《ま》けてはいません。首《くび》をのばして、サーバルの前足《まえあし》にかみつこうとしました。前足《まえあし》を上《あ》げてよけたサーバル、おろした足《あし》でヘビの頭《あたま》をたたきます。パンチ、パンチ、パンチ！ やりました、ヘビをとらえました！

↑草原《そうげん》の中《なか》を歩《ある》いていると、まったく目立《めだ》たない。↑で示《しめ》した部分《ぶぶん》が耳《みみ》。

↑パンチで弱《よわ》らせ、ヘビをとらえた。

赤《あか》ちゃん発見《はっけん》

勝利《しょうり》はおさめたものの、いまのバトルはあぶなかったですね。危険《きけん》をおかしてまで、ヘビと戦《たたか》ったのはなぜでしょうか？

おや、サーバルはたおしたヘビを食《た》べてしまうと、草《くさ》をかきわけ、歩《ある》いていきます。そして、しげみの中《なか》に入《はい》っていきました。「ミー、ミー」と声《こえ》が聞《き》こえます。やぶのなかにかわいい赤《あか》ちゃんがいました。このサーバルは、お母《かあ》さんだったのですね。

　サーバルの赤《あか》ちゃんは、ひと月《つき》ほどは、お母《かあ》さんのお乳《ちち》で育《そだ》ちます。お母《かあ》さんは、たくさんお乳《ちち》を出《だ》すために、食《た》べられるものはなんでも食《た》べて栄養《えいよう》を十分《じゅうぶん》にとる必《ひつ》要《よう》があったのでしょう。

⬆サーバルの赤《あか》ちゃん。しげみのなかの巣《す》には、赤《あか》ちゃんが4匹《ひき》いた。

1
毒《どく》ヘビをとらえようとパンチするも……
2
毒《どく》ヘビも首《くび》を上《あ》げて反撃《はんげき》!
3
なんとかかわした!
4
すかさず連続《れんぞく》ネコパンチ!

赤《あか》ちゃんをねらう天敵《てんてき》

　ある日《ひ》、巣《す》の近《ちか》くにヘビクイワシがやってきました。名前《なまえ》のとおり、ヘビも食《た》べるどうもうな鳥《とり》です。

　どうやらサーバルの巣《す》があることには気《き》づいていないようですが、獲物《えもの》をさがしていて、なかなかはなれていきません。ようやく飛《と》び立《た》ったと思《おも》っても、巣《す》から200mもはなれていない場所《ばしょ》におりたちます。これでは、いつ巣《す》が発見《はっけん》されるかわかりません。

　おや、お母《かあ》さんが赤《あか》ちゃんを1匹《ぴき》くわえて、巣《す》から出《で》てきました。ヘビクイワシとは反対《はんたい》の方向《ほうこう》に、300mほど歩《ある》いていきます。そこにもしげみがありました。お母《かあ》さんが、用心《ようじん》のため用意《ようい》しておいた巣《す》です。その巣《す》に赤《あか》ちゃんをかくします。そして何度《なんど》も往復《おうふく》して、ほかの赤《あか》ちゃんも新《あたら》しい巣《す》にうつします。

知《し》ってる？ サーバルは引《ひ》っ越《こ》し好《ず》き？

　子《こ》どもを産《う》んだサーバルのメスは、なわばりの中《なか》に、何《なん》か所《しょ》も巣《す》を用意《ようい》しています。少《すこ》しでも危険《きけん》を感《かん》じたら、すぐにちがう巣《す》に引《ひ》っ越《こ》すのです。1日《にち》に3回《かい》も巣《す》を移《うつ》したこともあるといいます。とても用心深《ようじんぶか》いですね。

　でも、赤《あか》ちゃんを守《まも》るためには、このお母《かあ》さんの用心深《ようじんぶか》さがだいじなのでしょう。ぶじに大《おお》きくなるといいですね。

➡何《なん》のへんてつもない草《くさ》むらだが、これが巣《す》。メスは、草原《そうげん》じゅうに何《なん》か所《しょ》も巣《す》を用意《ようい》しておく。

4匹《ひき》すべて運《はこ》び終《お》わったあと、さらにもう一《いち》度《ど》もどり、赤《あか》ちゃんが残《のこ》っていないか確《かく》認《にん》して引《ひ》っ越《こ》し終了《しゅうりょう》です。

赤《あか》ちゃんをねらう天敵《てんてき》は、ヘビクイワシだけではありません。草原《そうげん》には、ジャッカルなどの肉食動物《にくしょくどうぶつ》がおなかを空《す》かせて、獲物《えもの》をさがしまわっています。天敵《てんてき》のすがたを巣《す》の近《ちか》くに見《み》つけるたび、こうして巣《す》をかえて赤《あか》ちゃんを守《まも》っているのです。

赤《あか》ちゃんの引《ひ》っ越《こ》しは、1時間《じかん》近《ちか》くかかりました。お母《かあ》さんは、2㎞近《ちか》い距離《きょり》を休《やす》まず歩《ある》きつづけたことになります。お母《かあ》さん、おつかれさまでした。

➡ようすをうかがうお母《かあ》さん（⬆）。ヘビクイワシは、気《き》づかずネズミをさがしている。

バトルはつづく…

サーバルの赤《あか》ちゃんは、生《う》まれて1か月《げつ》もするとお母《かあ》さんが狩《か》ってきた獲物《えもの》を食《た》べるようになります。たくさん食《た》べて、ぶじに大人《おとな》になるといいですね。そして、華麗《かれい》なジャンプと強烈《きょうれつ》ネコパンチを武器《ぶき》にお母《かあ》さんのようなすぐれたハンターになることでしょう。

⬆赤《あか》ちゃんをちがう巣《す》に移《うつ》すお母《かあ》さん（上《うえ》）。新《あたら》しい巣《す》について、赤《あか》ちゃんをかくす（下《した》）。

バックドロップ
炸裂《さくれつ》だぁー!

カエル父《とう》さん奮闘記《ふんとうき》

ウシガエル VS ウシガエル

サッカーボールほどの大《おお》きなアフリカウシガエルが、バトル相手《あいて》のアフリカウシガエルを投《な》げとばしました。ウシやヘビにも立《た》ち向《む》かい、水《みず》たまりを干上《ひあ》がらせる太陽《たいよう》とも知恵《ちえ》くらべ⁉

南《みなみ》アフリカの草原地帯《そうげんちたい》に、雨季《うき》に現《あらわ》れるアフリカウシガエルの命《いのち》がけの子《こ》育《そだ》てを追《お》います。

アフリカ大陸《たいりく》
南《みなみ》アフリカ共和国

◆南《みなみ》アフリカ共和《きょうわ》国の北東部《ほくとうぶ》。夏《なつ》
12月《がつ》）の雨季《うき》には、大《おお》きな水《みず》たまりができるほどの大雨《おおあめ》がふる。

アフリカウシガエル
Pyxicephalus adspersus

体長《たいちょう》：約《やく》20cm（最大《さいだい》25cm）／体重《たいじゅう》：最大《さいだい》1.4kg／食《た》べもの：昆虫《こんちゅう》、小型《こがた》の哺乳類《ほにゅうるい》、小型《こがた》の爬虫類《はちゅうるい》、小型《こがた》の鳥《とり》、両生類《りょうせいるい》など。／特徴《とくちょう》：長《なが》さも幅《はば》も、ほぼ同《おな》じぐらいになるずんぐりしたカエル。

ようやく雨季《うき》がきた!

12月《がつ》下旬《げじゅん》、南《みなみ》アフリカ北東部《ほくとうぶ》の草原《そうげん》に雨季《うき》がやってきました。毎日《まいにち》のようにはげしい夕立《ゆうだち》がふりつづき、草原《そうげん》に周囲数百《しゅういすうひゃく》mもの大《おお》きな水《みず》たまりができています。

突然《とつぜん》、土《つち》がもこもこ動《うご》き出《だ》しました。アフリカウシガエルが、長《なが》いねむりからようやく目覚《めざ》めたのです。アフリカ南部《なんぶ》では、乾季《かんき》が10か月《げつ》もつづきます。そのあいだ、ずっと土《つち》の中《なか》でねむっていたのです。そんなに長《なが》いあいだねていたら、おなかが空《す》いているはず。さっそく昆虫《こんちゅう》を見《み》つけると、大《おお》きな舌《した》でとらえてパクリ。大《おお》きなウシガエルは、昆虫《こんちゅう》のほかに、ネズミなどの小《ちい》さな哺《ほ》乳類《にゅうるい》まで食《た》べてしまいます。

➡小《ちい》さな昆虫《こんちゅう》だけでなく、ネズミまで食《た》べてしまう。

➡ふり出《だ》した雨《あめ》に目《め》を覚《さ》まし、土《つち》の中《なか》から顔《かお》を出《だ》したアフリカウシガエル。

知《し》ってる? まゆをつくって雨《あめ》を待《ま》つ!?

乾季《かんき》のあいだ、アフリカウシガエルは、土《つち》の中《なか》でねむっています。雨《あめ》がふらない年《とし》には、すがたを現《あらわ》しません。なんと7年間《ねんかん》も土《つち》の中《なか》で雨《あめ》を待《ま》ったという記録《きろく》もあるそうです。そのあいだ、はがれた皮《ひ》ふや分泌物《ぶんぴぶつ》でできた「まゆ」と呼《よ》ばれるものでからだをおおって、水分《すいぶん》が蒸発《じょうはつ》するのをふせいでいます。

⬆表面《ひょうめん》は白《しろ》っぽい「まゆ」でおおわれる。

メスをめぐって大激闘《だいげきとう》！

水《みず》たまりにアフリカウシガエルのオスが集《あつ》まってきました。水《みず》たまりの中《なか》に、なわばりをつくるためにやってきたのです。大《おお》きななわばりをもつ強《つよ》いオスのほうがメスにもてるため、みんな必死《ひっし》です。あちこちで、オス同士《どうし》のバトルがはじまりました。

くり出《だ》す基本《きほん》の手《て》は、体当《たいあ》たり。高《たか》くジャンプして相手《あいて》を突《つ》きとばします。大《おお》きな口《くち》で相手《あいて》の顔《かお》にかみつくオスもいます。おっと、かみついたまま、からだをそらして相手《あいて》を投《な》げとばしました。まるでバックドロップ！　投《な》げられたオスは、すごすごと水《みず》たまりを去《さ》っ

相手《あいて》の顔《かお》をめがけて体当《たいあ》たり（左《ひだり》）。大《おお》きな口《くち》でかみつくものも（右《みぎ》）。

知《し》ってる？　武器《ぶき》はするどい「きば」

はげしく戦《たたか》ったアフリカウシガエルのオスたち。相手《あいて》にかみついて、投《な》げとばす力持《ちからも》ちもいました。がんじょうな口《くち》ですね。

じつは口《くち》の中《なか》には歯《は》がたくさんならんでいて、下《した》あごには、きばのようにとがった突起《とっき》が見《み》えます。このきばを突《つ》き立《た》て、相手《あいて》をおさえこみ、投《な》げとばしていたのです。

⬆上《うわ》あごには歯《は》がならび、下《した》あごにはするどい突起《とっき》（⬆）がある。

ていきました。

　オスでいっぱいだった水《みず》たまり。日《ひ》暮《ぐ》れにはほとんどの勝負《しょうぶ》がつき、なわばりを勝《か》ちとったオスのすがたしか見《み》当《あ》たりません。そのオスに、勝者《しょうしゃ》が決《き》まるまでかくれていたメスが泳《およ》ぎよりました。

　カップルができると、メスはおよそ4000個《こ》も卵《たまご》を産《う》み、オスはすぐに受精《じゅせい》させます。2日《にち》もすれば、早《はや》くも卵《たまご》がかえり、オタマジャクシが誕生《たんじょう》します。

⬆勝《か》ち残《のこ》ったオスに泳《およ》ぎよるメス（右《みぎ》）。オスよりもだいぶ小《ちい》さい。

1
手前《てまえ》のカエルがかみついた!
バクッ
2
からだ全体《ぜんたい》をそらして……
ウリャ
3
相手《あいて》をほうり投《な》げる!
4
バックドロップ決《き》まった!
エーイッ

子《こ》どもを見守《みまも》るカエル父《とう》さん

　アフリカウシガエルは、カエルにはめずらしく、子育《こそだ》てをします。オスのまわりをよく見《み》ると、たくさんのオタマジャクシ。メスは卵《たまご》を産《う》むと、すぐにすがたを消《け》しますが、オスは子《こ》どもたちのそばにいて、危険《きけん》がおよばないよう見守《みまも》るのです。

　おや、お父《とう》さんが、子《こ》どもたちを引《ひ》きつれています。食《た》べものが多《おお》い場所《ばしょ》へと、導《みちび》いているのです。雨《あめ》でできた水《みず》たまりで、数千匹《すうせんびき》ものオタマジャクシが1か所《しょ》で生活《せいかつ》をつづけていたら、食《た》べものの微生物《びせいぶつ》などがすぐにいなくなってしまいます。さらに、水温《すいおん》にも気《き》をつかっています。水温《すいおん》が高《たか》いほうが子《こ》どもたちの成長《せいちょう》が早《はや》まるので、より水温《すいおん》が高《たか》い、浅瀬《あさせ》をえらんでいたのです。

　水《みず》たまりはいつ干上《ひあ》がるかわかりません。とにかく早《はや》く成長《せいちょう》することがだいじです。近《ちか》くに水《みず》が豊富《ほうふ》な池《いけ》もありますが、それでも水《みず》たまりで子育《こそだ》てするのは、池《いけ》にはナマズなどの肉食《にくしょく》の魚《さかな》がいてオタマジャクシを食《た》べてしまうからです。

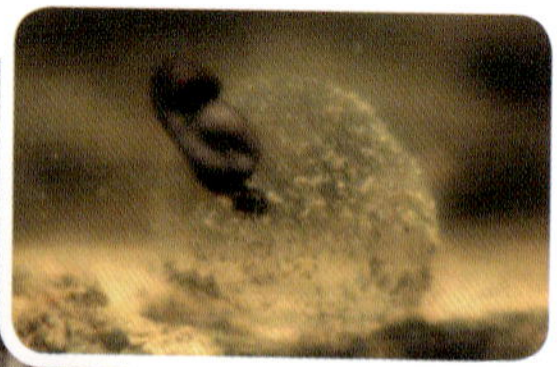

産卵《さんらん》から2日後《かご》にふ化《か》したオタマジャクシ(上《うえ》)。オスはオタマジャクシが早《はや》く育《そだ》つよう見守《みまも》る(左《ひだり》)。

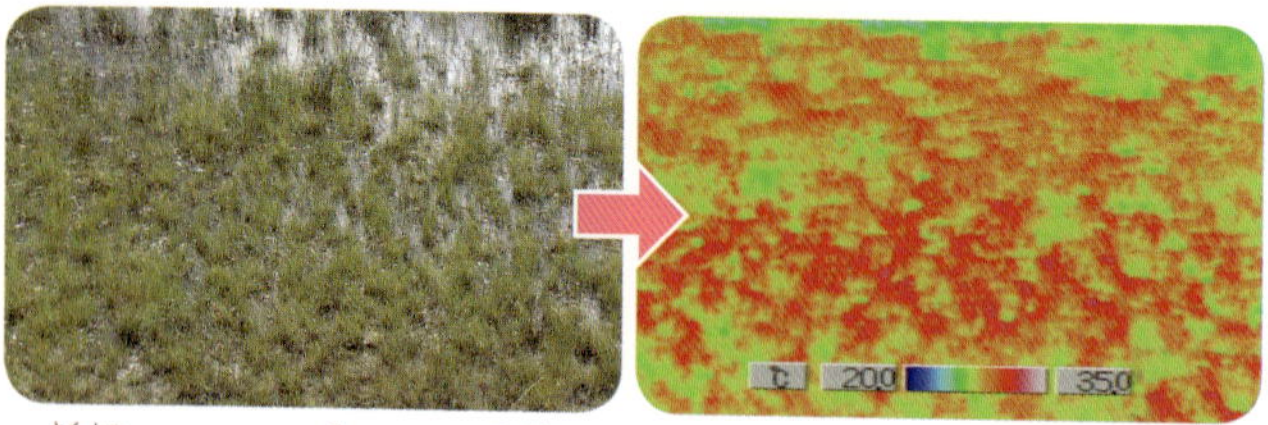

⬆特殊《とくしゅ》なカメラで見《み》ると、手前《てまえ》の浅瀬《あさせ》のほうが、赤《あか》い部分《ぶぶん》が多《おお》く水温《すいおん》が高《たか》いことがわかった 。

カエル父《とう》さん強《つよ》し！

とはいえ、水《みず》たまりにも強敵《きょうてき》はいます。ヘビがやってきました。コモンブラウンウォータースネークというヘビです。水辺《みずべ》に暮《く》らし、カエルやオタマジャクシを食《た》べます。でも、巨大《きょだい》なアフリカウシガエルにかかっては、ひとたまりもありません。大《おお》きな口《くち》にがぶりとかみつかれ、あっという間《ま》に食《た》べられてしまいました。ときには、このあたりの牧場《ぼくじょう》で飼《か》われているウシが、水《みず》を飲《の》みにやってくることがあります。大《おお》きなウシなどの哺乳類《ほにゅうるい》は、オタマジャクシをふみつけてしまうこともあります。カエル父《とう》さんは、体格《たいかく》の差《さ》をものともせず、勇敢《ゆうかん》に体当《たいあ》たり！　ウシもたまらず退散《たいさん》です。

⬆オタマジャクシをねらって現《あらわ》れたヘビ（⬆）。あえなく、お父《とう》さんに食《た》べられた。

⬆水《みず》を飲《の》みにきたウシに、頭《あたま》から体当《たいあ》たり!

カエル父《とう》さんvs太陽《たいよう》!?

ある暑《あつ》い日《ひ》のこと、カエル親子《おやこ》に最大《さいだい》のピンチがしのびよります。じりじりと照《て》りつける太陽《たいよう》に、浅瀬《あさせ》の水《みず》が蒸《じょう》発《はつ》して、子《こ》どもたちが小《ちい》さな水《みず》たまりに閉《と》じこめられてしまったのです。このままでは、1〜2時間後《じかんご》には、干上《ひあ》がってしまいそうです。カエル父《とう》さんどうする!?

おや、カエル父《とう》さんは大《おお》きな水《みず》たまりのほうへ歩《ある》いていきます。そこから、足《あし》でどろをかきつつ、子《こ》どもたちが閉《と》じこめられた小《ちい》さな水《みず》たまりへともどってきました。なんと、足《あし》でみぞを掘《ほ》って、大《おお》きな水《みず》たまりから小《ちい》さな水《みず》たまりまで水《みず》を通《とお》し、水《みず》かさを増《ふ》やそうとしているのです。

←照《て》りつける太陽《たいよう》に、浅瀬《あさせ》の水《みず》が蒸発《じょうはつ》してしまった。

↑後《うし》ろ足《あし》でけんめいに水路《すいろ》をほるカエル父《とう》さん。およそ1.5mも掘《ほ》り進《すす》んでいく。

←水路《すいろ》がつながった。これでもう安心《あんしん》だ。

何度《なんど》も往復《おうふく》して、みぞを少《すこ》しずつ深《ふか》くしていきます。暑《あつ》い日中《にっちゅう》のこと、お父《とう》さんの足《あし》も止《と》まりがち。だいじょうぶでしょうか？

1時間半後《じかんはんご》、とうとう大《おお》きな水《みず》たまりから小《ちい》さな水《みず》たまりへとつづく水路《すいろ》ができました。流《なが》れる水《みず》が子《こ》どもたちのいる場所《ばしょ》を満《み》たしていきました。水路《すいろ》の最長記録《さいちょうきろく》は18ｍもあったそうです。子《こ》どもを守《まも》るため、カエル父《とう》さん大奮闘《だいふんとう》です！

カエルに大変身《だいへんしん》！

オタマジャクシが生《う》まれてから1か月《げつ》がすぎました。水辺《みずべ》に小《ちい》さなカエルたち。たくさんの子《こ》どもたちが、カエルに成長《せいちょう》して、陸《りく》に上《あ》がったのです。もう見守《みまも》ってくれていたカエル父《とう》さんのすがたは見当《みあ》たりません。これからは自分《じぶん》だけの力《ちから》で、このアフリカの大地《だいち》を生《い》きぬいていくのです。

⬆生《う》まれて1年《ねん》たったカエル。

バトルはつづく…

生《う》まれて1年《ねん》たった若《わか》いカエルを見《み》つけました。からだがだいぶ大《おお》きくなって食欲《しょくよく》も旺盛《おうせい》です。でも、数々《かずかず》のバトルを勝《か》ちぬいて、子《こ》どもたちを守《まも》るにはもっと大《おお》きくならなければなりません。強《つよ》くてやさしいお父《とう》さんめざして、がんばれ！

⬆カエルになった子《こ》どもたち。

NHK「ダーウィンが来た!」番組スタッフ

日本国内の身近な自然から、世界各地の未知の自然まで、驚きの生きものたちの世界を、圧倒的な迫力と美しさで描く自然ドキュメンタリー番組「ダーウィンが来た!」を手掛ける制作チーム。2006年4月の放送開始以来、番組は570回を超え、多彩で奥深い自然の営みに迫り続ける。2019年1月に全国公開の映画「劇場版 ダーウィンが来た! アフリカ新伝説」も制作。

- 協力／NHKエンタープライズ
- 写真提供／岩合光昭「野生パンダに大接近」
  株式会社アニカプロダクション「"老人"パワーだ! チンパンジー」
  国立大洲青少年交流の家「トビウオ大流行」
  Harish Kumar Singhal「実は最強!? カバの素顔」
  WAHBA FILMS LTDA「癒し系カピバラ 走る! 泳ぐ!」
- カバー・本文デザイン／山本真琴(design.m)
- イラスト／株式会社エストール・いずもり よう
- 地図／マカベアキオ
- 画像キャプチャー／エクサインターナショナル・NHKアート
- 編集協力／有限会社バウンド

NHKダーウィンが来た! 生きものクイズブック
行動のナゾ編

2018年12月10日　第1刷発行
2023年10月25日　第2刷発行

編者／NHK「ダーウィンが来た!」番組スタッフ

発行者／松本浩司
発行所／NHK出版
〒150-0042　東京都渋谷区宇田川町10-3
電話／0570-009-321(問い合わせ)　0570-000-321(注文)
ホームページ／https://www.nhk-book.co.jp
印刷・製本／図書印刷

Printed in Japan　ISBN978-4-14-081761-2　C8045